Gerald Pilz

Grundwissen BWL

Gerald Pilz

Grundwissen BWL

mit Aufgaben

2., bearbeitete Auflage

UVK Verlagsgesellschaft mbH · Konstanz
mit UVK/Lucius · München

Dr. Dr. Gerald Pilz lehrt Betriebswirtschaftslehre an deutschen Hochschulen.

Die 1. Auflage erschien bei UTB.

Bibliografische Information der Deutschen Bibliothek

Die Deutsche Bibliothek verzeichnet diese Publikation in der Deutschen Nationalbibliografie; detaillierte bibliografische Daten sind im Internet über <http://dnb.ddb.de> abrufbar.

ISBN 978-3-86764-769-4 (Print)
ISBN 978-3-7398-0246-6 (E-PUB)
ISBN 978-3-7398-0247-3 (EPDF)

Einbandgestaltung: Atelier Reichert, Stuttgart
Cover-Illustration: © branchecarica – Fotolia.com
Printed in Germany

UVK Verlagsgesellschaft mbH
Schützenstr. 24 · 78462 Konstanz
Tel. 07531-9053-0 · Fax 07531-9053-98
www.uvk.de

Vorwort

Die Betriebswirtschaftslehre (BWL) behandelt den Einsatz knapper Güter im Unternehmen bzw. aus Sicht eines Unternehmens. Das Wirtschaften in einem Unternehmen erfolgt nach dem ökonomischen Prinzip und wird üblicherweise nach Funktionen organisiert, die den Organisationsaufbau bestimmen. In der BWL orientiert sich in der Regel der Stoffinhalt nach diesen Funktionen. Die wichtigsten davon bestimmen so auch den Aufbau dieses Buches.

In diesem Lernbuch finden Sie alle wesentlichen Inhalte zu diesem Thema. Dabei können Sie Ihr Wissen gezielt für die Prüfung aufarbeiten. Während des Lernens können Sie Ihren Wissensstand überprüfen.

Am Buchende finden Sie ein Glossar mit den wichtigsten Begriffen.

Und nun, viel **Erfolg** bei Ihrer Prüfungsvorbereitung.

Inhaltsübersicht

Inhaltsverzeichnis

Abkürzungs- und Symbolverzeichnis

Abs.	Absatz
ABWL	Allgemeine Betriebswirtschaftslehre
AV	Anlagevermögen
BGB	Bürgerliches Gesetzbuch
BilMoG	Bilanzmodernisierungsgesetz
BWL	Betriebswirtschaftslehre
EFQM	European Foundation for Quality Management
GbR	Gesellschaft bürgerlichen Rechts
GK	Gesamtkapital
GmbH	Gesellschaft mit beschränkter Haftung
GoB	Grundsätze ordnungsmäßiger Buchführung
HGB	Handelsgesetzbuch
IFRS	International Financial Reporting Standards
KMU	Klein- und mittelständische Unternehmen
KVP	kontinuierlicher Verbesserungsprozess
PPS	Produktionsplanung und -steuerung
SWOT	strengths, weaknesses, opportunities, threats
US-GAAP	US Generally Accepted Accounting Principles

Kapitel 1

Die Betriebswirtschaftslehre: Geschichte und Kontext

Lernhinweise zu Kapitel 1

Was erwartet mich in diesem Kapitel?

In diesem Kapitel erhalten Sie eine Einführung in die Betriebswirtschaftslehre und deren Einordnung in das System der Wissenschaften.

Welche Schlagwörter lerne ich kennen?

■ Betriebswirtschaftslehre ■ Volkswirtschaftslehre ■ Wirtschaftswissenschaften ■ Allgemeine BWL ■ Business Administration ■ Makroökonomie ■ Mikroökonomie ■ Propädeutik ■ Ansätze

Wofür benötige ich dieses Wissen?

Die Grundbegriffe sind wichtig für das Verständnis der Betriebswirtschaftslehre, denn sie bilden die Grundlage für alle späteren Themen. Sie erfahren, welche anderen Wissenschaften für betriebswirtschaftliche Fragestellungen relevant sind und die Forschung beeinflussen.

Grundbegriffe

Eine grundlegende Definition lautet:

Die Betriebswirtschaftslehre (BWL) (englisch: Business Administration) befasst sich mit den ökonomischen Aspekten eines Unternehmens.

Die Betriebswirtschaftslehre und die Volkswirtschaftslehre sind Wirtschaftswissenschaften, die sich mit den ökonomischen Aspekten von einzelnen Unternehmen und ganzen Volkswirtschaften befassen.

- Die **Volkswirtschaftslehre** ist als wissenschaftliche Disziplin älter und wurde im 19. Jahrhundert als Nationalökonomie bezeichnet. Sie untersucht auf mikro- und makroökonomischer Basis die komplexen und vielschichtigen Zusammenhänge in einer Volkswirtschaft und deren Gesetzmäßigkeiten. Themen wie Inflation, Wirtschaftswachstum, Arbeitslosigkeit oder Rezessioen sind Gegenstände der VWL.
- Die **Betriebswirtschaftslehre** hingegen beschäftigt sich mit den einzelnen Fragestellungen eines Unternehmens wie beispielsweise der Personalwirtschaft, dem Marketing, der Materialwirtschaft oder dem Controlling. Beide Wissenschaften bilden letztlich eine Einheit und ergänzen sich, da Entscheidungen in einem Unternehmen auch immer von volkswirtschaftlichen Rahmenbedingungen abhängig sind.

Wirtschaftswissenschaften	
Volkswirtschaftslehre	Betriebswirtschaftslehre

In der Praxis gewinnt die Betriebswirtschaftslehre immer mehr an Bedeutung und ist das mit Abstand am häufigsten studierte Fach an Hochschulen und Universitäten. Dank der Vielfalt der Einsatzmöglichkeiten steht Absolventinnen und Absolventen ein breites Spektrum an interessanten Tätigkeiten offen. Ein Studium der Betriebswirtschaftslehre stellt eine nützliche und wertvolle Allround-Qualifikation dar, die in allen Bereichen eines Unternehmens einsetzbar ist.

Lernfrage 1.1

Welche Wissenschaften zählen zu den Wirtschaftswissenschaften?

☐ Volkswirtschaftslehre

☐ Politikwissenschaft

☐ Betriebswirtschaftslehre

Geschichte

Zwar hat die maßgebliche wissenschaftliche Entwicklung der Betriebswirtschaftslehre im 20. Jahrhundert stattgefunden, aber die ersten Ansätze und Modelle lassen sich bis ins 17. Jahrhundert zurückverfolgen. Die ersten Gedanken und Modelle zu ökonomischen Zusammenhängen sind indes weitaus älter und finden sich bereits in der Antike, bei den Ägyptern und in Mesopotamien.

> Das erste Lehrbuch der Betriebswirtschaftslehre im weitesten Sinne verfasste **Jacques Savary** im 17. Jahrhundert. In diesem vorbildlichen Kompendium fasste er das gesamte kaufmännische Wissen seiner Epoche zusammen.

Den eigentlichen Durchbruch erzielte die Betriebswirtschaftslehre aber erst um 1900, als die aufstrebende und prosperierende Industrie immer mehr kaufmännisches Fach- und Detailwissen erforderte. Anfangs beschränkten sich diese Qualifikationen auf die so genannte Propädeutik, worunter man die Basisfertigkeiten eines Kaufmanns wie beispielsweise Buchhaltung, kaufmännisches Rechnen und Korrespondenz versteht. Danach wurden die Anforderungen weiter ausgedehnt und erstreckten sich nun auf fundierte und umfassende Fachkenntnisse des Rechnungswesens, die für die Bilanzierung und die Kostenrechnung unabdingbar waren.

In den 1920er Jahren wurde schließlich die Bezeichnung „Betriebswirtschaftslehre“ vollständig akzeptiert. Zuvor wurde das Fach als „Handelswissenschaft“ oder als „private Betriebslehre“ tituliert. In diesen Jahren bemühten sich die Vertreter der Disziplin, das Verhältnis zur Volkswirtschaftslehre zu klären und eine moderne Forschungsmethodologie zu entwickeln, die empirische Studien in den Unternehmen ermöglichte.

In der Nachkriegszeit etablierte sich **Erich Gutenberg** als einer der führenden Vertreter des Faches, der eine Systematik der Teildisziplinen (Produktion, Finanzen, Absatz) entwickelte und sich eingehender mit der Absatzwirtschaft befasste. Von ihm stammt auch das heute noch verwendete Modell der Produktionsfaktoren im Betrieb.

In der Gegenwart gelten Wissenschaftler wie **Hans Ulrich**, der einen systemtheoretischen Ansatz der Betriebswirtschaftslehre konzipierte, und **Edmund Heinen** als prominenteste Wissenschaftler. Zur Berühmtheit gelangte auch **Günter Wöhe**, der im Jahre 1960 ein beachtliches Standardwerk der Betriebswirtschaftslehre verfasste, das in unzähligen Neuauflagen erschienen ist und noch heute als das herausragendste Lehrbuch der Betriebswirtschaftslehre gilt.

Lernfrage 1.2

Wann wurde das erste umfassende Lehrbuch der Betriebswirtschaftslehre verfasst?

- ☐ 16. Jh.
- ☐ 17. Jh.
- ☐ 18. Jh.
- ☐ 19. Jh.
- ☐ 20. Jh.

Systematik der Betriebswirtschaftslehre

Die Betriebswirtschaftslehre wird in
- eine Allgemeine und
- eine Spezielle Betriebswirtschaftslehre

untergliedert.

Allgemeine Betriebswirtschaftslehre

Die Allgemeine Betriebswirtschaftslehre (ABWL) befasst sich mit planerischen, organisatorischen und rechnerischen Entscheidungen und Abläufen in Betrieben. Sie ist funktions- und branchenübergreifend ausgerichtet und fokussiert sich auf die allgemeinen Grundlagen der Praxis. Sie gibt einen Überblick über die Wissenschaft der Betriebswirtschaftslehre. Grundlegendes Ziel im Studium ist es, das fachübergreifende, interdisziplinäre Denken und Entscheiden zu fördern und einen umfassenden Einblick in die Zusammenhänge unternehmerischer Prozesse und Strukturen zu vermitteln.

Spezielle Betriebswirtschaftslehre

Die Spezielle Betriebswirtschaftslehre (SBWL) widmet sich spezifischen Fragen, die lediglich für bestimmte Unternehmen oder Fachgebiete von Bedeutung sind.

Dabei wird weiter differenziert in institutionelle und funktionale Betriebswirtschaftslehren. Die institutionelle Betriebswirtschaftslehre konzentriert sich auf branchenspezifische Aspekte oder orientiert an der Betriebsgröße und den sich daraus ergebenden speziellen Anforderungen. Die funktionale Betriebswirtschaftslehre betrachtet die einzelnen Funktionsbereiche im Unternehmen.

Die **funktionale Betriebswirtschaftslehre** gliedert sich in folgende Teilbereiche:

Beschaffung, Materialwirtschaft und Logistik
Produktionswirtschaft
Marketing
Finanzwirtschaft (Investition, Finanzierung)
Betriebliches Rechnungswesen
Betriebswirtschaftliche Steuerlehre
Personalwirtschaft
Organisation
Management und Unternehmensführung
Informationswirtschaft

Die **institutionelle Betriebswirtschaftslehre** widmet sich branchenspezifischen Fragestellungen und lässt sich folgendermaßen auffächern:

Bankbetriebslehre
Tourismus-Betriebswirtschaftslehre
Gesundheitswirtschaft

Handelsbetriebslehre
Handwerksbetriebslehre
Immobilienwirtschaft
Industriebetriebslehre
Internationale Betriebswirtschaftslehre
Landwirtschaftliche Betriebslehre
Verwaltungsbetriebswirtschaftslehre
Versicherungsbetriebslehre
Bergwirtschaftslehre
Speditionsbetriebslehre
Sportmanagement

Lernfrage 1.3

Wie kann die Betriebswirtschaftslehre unterteilt werden?

- ☐ ABWL
- ☐ SBWL
- ☐ HGB

Lernfrage 1.4

Welche Teilbereiche gibt es in der funktionalen Betriebswirtschaftslehre?

- ☐ Personalwirtschaft
- ☐ institutionelle Betriebswirtschaftslehre
- ☐ Existenzgründung
- ☐ Marketing
- ☐ Controlling
- ☐ Organisation

Lernfrage 1.5

Was sind Beispiele für die institutionelle Betriebswirtschaftslehre?

- ☐ Landwirtschaftsbetriebslehre
- ☐ Sportmanagement
- ☐ Gesundheitswirtschaft
- ☐ Aufbauorganisation

Darüber hinaus wird weiter nach anderen Aspekten wie beispielsweise der Betriebsgröße aufgeschlüsselt. Ein Beispiel dafür sind die Forschungsgebiete:

- Betriebswirtschaftslehre kleiner und mittelständischer Unternehmen (KMU)
- Unternehmensgründung.

Einige Wissenschaften dienen im Studium als Hilfswissenschaften der Betriebswirtschaftslehre und fungieren als so genannte Propädeutik. Einen besonderen Stellenwert nimmt die Wirtschaftsmathematik ein, die in vielen Bereichen (Investitionsrechnung, betriebliches Rechnungswesen, Controlling) zum Einsatz kommt. Auch fundierte und umfassende Fachkenntnisse im Wirtschaftsrecht sind unerlässlich. Darüber hinaus kommt der Wirtschaftsinformatik und dem IT-gestützten Informationsmanagement eine herausragende Bedeutung zu, da die Unternehmen immer komplexere Software einsetzen, die es ermöglichen soll, alle Prozesse im Unternehmen aufeinander abzustimmen und zu optimieren.

Die einzelnen Teilbereiche der BWL hängen erheblich voneinander ab. So erfordert ein grundlegendes Verständnis wirtschaftlicher Vorgänge im Unternehmen eine profunde Kenntnis der Allgemeinen BWL. Zur Vertiefung branchenspezifischer Besonderheiten ist aber eine gründliche Einarbeitung in die funktionalen Betriebswirtschaftslehren unabdingbar.

Die Interdisziplinarität der BWL

Da wirtschaftliche Prozesse nur dann verständlich werden, wenn auch andere Aspekte berücksichtigt werden, greift die Betriebswirtschaftslehre auf eine Vielzahl anderer Wissenschaften zurück, mit denen sie Schnittmengen bildet. Beispiele sind die Wirtschaftsgeschichte, die Wirtschaftsethik, Mathematik, Informatik, Psychologie, Pädagogik, Politikwissenschaft, Rechtswissenschaft und Soziologie.

Etliche wirtschaftliche Phänomene lassen sich nicht hinreichend erklären und analysieren, wenn nicht rechtliche, gesellschaftliche und individuelle Kontextfaktoren mit einbezogen werden.

Von primärer Bedeutung sind auch die Ingenieurwissenschaften, die in allen Bereichen der Produktion zur Anwendung gelangen und den technologischen Fortschritt und die Innovationsfähigkeit bestimmen.

Nachbardisziplinen der BWL		
Wirtschaftsethik	Pädagogik	Politikwissenschaft
Rechtswissenschaft	Wirtschaftsinformatik	Ingenieurwissenschaften
Soziologie	Psychologie	Wirtschaftsgeschichte

Teilweise haben sich einige Disziplinen (sogar als eigenständige Studienfächer) etabliert, die an der Schnittstelle zwischen der Betriebswirtschaftslehre und den anderen Wissenschaften angesiedelt sind. Hierzu gehören das Wirtschaftsingenieurwesen und die Wirtschaftsinformatik.

Lernfrage 1.6

Was sind Nachbardisziplinen der BWL?

☐ Psychologie

☐ Rechtswissenschaft

☐ Politikwissenschaft

Ökonomische Prinzipien

Dem Wirtschaften des Menschen liegen bestimmte Prinzipien zugrunde, da fast alle Güter knapp sind und sie damit als kostbar gelten. Dies trifft auch auf Dinge zu, die vermeintlich in ausreichender Menge vorhanden sind wie die Luft oder das Wasser. Aufgrund der zunehmenden Sensibilisierung für den Umwelt- und Klimaschutz werden solche Güter zu einer schützenswerten Sache. Knappe Güter erfordern ein rationales Wirtschaften, da sie nicht verschwendet werden dürfen.

Wirtschaftliches Handeln setzt daher Effizienz („die Dinge richtig tun") und Effektivität („die richtigen Dinge tun") voraus. Wirtschaftliches Handeln folgt einer Zweck-Mittel-Rationalität, bei der das größte Maximum mit einem Minimum an Aufwand erreicht werden soll.

Effektivität	Effizienz
„die richtigen Dinge tun"	„die Dinge richtig tun"

In der wirtschaftlichen Realität wird dieses hohe Ideal selten erreicht, da es in Unternehmen bisweilen eine ausufernde Bürokratie und einen verbreiteten Leerlauf gibt, der die Effizienz und die Wertschöpfung beeinträchtigt. Nicht selten verfolgen Unternehmen falsche oder unvereinbare Ziele, so dass die Effektivität kaum oder nur eingeschränkt erreicht wird. Die in den Wirtschaftswissenschaften häufig vertretene These, alle Akteure handelten rational, lässt sich in der Praxis nicht halten und wird in der Forschung zunehmend in Frage gestellt.

Lernfrage 1.7

Wie lässt sich der Begriff der Effektivität definieren?

☐ die Dinge richtig tun

☐ die Dinge zielgerichtet tun

☐ die richtigen Dinge tun

Ein weiteres wichtiges ökonomisches Prinzip ist die **Arbeitsteilung**, die es bereits in der Antike in den Unternehmen gab. So führten die Römer die Arbeitsteilung schon in hohem Umfang in der Latifundienwirtschaft ein, und bereits in der frühen Neuzeit wurde in der Textilwirtschaft eine differenzierte Arbeitsteilung angestrebt.

> Berühmt ist die Beschreibung des großen Klassikers **Adam Smith**, der die Arbeitsteilung am Beispiel der Produktion einer Nadel veranschaulicht. Mit der Industrialisierung wurde die Arbeitsteilung immer mehr perfektioniert und gipfelte im Ansatz des Taylorismus, der den Produktionsprozess zu Beginn des zwanzigsten Jahrhunderts in kleinste Handgriffe und Verrichtungen aufspaltete und erstmals eine Qualitätssicherung im Produktionsprozess verankerte.

Eine wichtige Grundlage für rationales Wirtschaften ist die **Geldwirtschaft**, die den Austausch von Gütern beträchtlich erleichtert. In Europa hat sich die Geldwirtschaft erst langsam im Mittelalter durchgesetzt. Während früher das Geld durch Edelmetalle gesichert war und es bis Anfang der 1970er eine enge Bindung an das Gold (im Bretton-Woods-System) gab, dominiert heute das Giralgeld, das nur noch „virtuell" in Dateien existiert. Münzen und Banknoten machen nur noch einige wenige Prozent aus. In der Zukunft wird das Geld immer stärker virtualisiert werden.

Lernfrage 1.8

Von welchem Klassiker stammt das „Nadel"-Beispiel für die Arbeitsteilung?

- ☐ David Ricardo
- ☐ John M. Keynes
- ☐ Adam Smith

> Der Begriff „Ökonomie" stammt übrigens aus dem Griechischen. Das Wort „oikos" bedeutet „Haus" und der Begriff „nomos" „Gesetz".

Zusammenfassend lässt sich festhalten: Unter Wirtschaften versteht man alle Handlungen, die dazu führen, dass Güter zur Befriedigung der Bedürfnisse optimal genutzt, gefördert und veredelt werden können. Während früher der Blick der Betriebswirtschaftslehre einseitig auf materielle Güter und die klassische Industrieproduktion fixiert war, spielen heutzutage immaterielle Güter wie Dienstleistungen und Finanzen eine immer wichtiger werdende Rolle. Selbst Industrieunternehmen sind heute aufgrund der Forschung und Entwicklung sowie vielfältiger Beratungsdienstleistungen vorwiegend Dienstleister. Moderne Gesellschaften haben sich von einer Industriegesellschaft zu einer Dienstleistungsgesellschaft entwickelt, in der die Qualifikationen und die Innovationsfähigkeit der Menschen über den Wohlstand in einer Volkswirtschaft entscheiden.

Zusammenfassung

- Die Betriebswirtschaftslehre (BWL) (englisch: Business Administration) befasst sich mit den ökonomischen Aspekten eines Unternehmens.
- Die Betriebswirtschaftslehre und die Volkswirtschaftslehre sind Wirtschaftswissenschaften, die sich mit den ökonomischen Aspekten von einzelnen Unternehmen und ganzen Volkswirtschaften befassen.
- Die Volkswirtschaftslehre ist als wissenschaftliche Disziplin älter und wurde im 19. Jahrhundert als Nationalökonomie bezeichnet. Sie untersucht auf mikro- und makroökonomischer Basis die komplexen und vielschichtigen Zusammenhänge in einer Volkswirtschaft und deren Gesetzmäßigkeiten. Themen wie Inflation, Wirtschaftswachstum, Arbeitslosigkeit oder Rezessionen sind Gegenstände der VWL.
- Die Betriebswirtschaftslehre hingegen beschäftigt sich mit den einzelnen Fragestellungen eines Unternehmens wie beispielsweise der Personalwirtschaft, dem Marketing, der Materialwirtschaft oder dem Controlling. Beide Wissenschaften bilden letztlich eine Einheit und ergänzen sich, da Entscheidungen in einem Unternehmen auch immer von volkswirtschaftlichen Rahmenbedingungen abhängig sind.
- Dem Wirtschaften des Menschen liegen bestimmte Prinzipien zugrunde, da fast alle Güter knapp sind und als kostbar gelten. Dies trifft auch auf Dinge zu, die vermeintlich in ausreichender Menge vorhanden sind wie die Luft oder das Wasser. Aufgrund der zunehmenden Sensibilisierung für den Umwelt- und Klimaschutz werden solche Güter zu einer schützenswerten Sache. Knappe Güter erfordern ein rationales Wirtschaften, da sie nicht verschwendet werden dürfen.
- Wirtschaftliches Handeln setzt daher Effizienz („die Dinge richtig tun") und Effektivität („die richtigen Dinge tun") voraus. Wirtschaftliches Handeln folgt einer Zweck-Mittel-Rationalität, bei der das größte Maximum mit einem Minimum an Aufwand erreicht werden soll.
- In der wirtschaftlichen Realität wird dieses Ideal selten erreicht, da es in Unternehmen Bürokratie und Leerlauf gibt, der die Effizienz und die Wertschöpfung beeinträchtigt. Nicht selten verfolgen Unternehmen falsche oder unvereinbare Ziele, so dass die Effektivität kaum oder nur eingeschränkt erreicht wird. Die in den Wirtschaftswissenschaften häufig vertretene These, alle Akteure handelten rational, lässt sich in der Praxis nicht halten und wird in der Forschung zunehmend in Frage gestellt.

Lösungen

Hier finden Sie die richtigen Antworten zu den Lernfragen dieses Kapitels.

Lernfrage 1.1

Welche Wissenschaften zählen zu den Wirtschaftswissenschaften?

- ■ Volkswirtschaftslehre
- ☐ Politikwissenschaft
- ■ Betriebswirtschaftslehre

Lernfrage 1.2

Wann wurde das erste umfassende Lehrbuch der Betriebswirtschaftslehre verfasst?

- ☐ 16. Jh.
- ■ 17. Jh.
- ☐ 18. Jh.
- ☐ 19. Jh.
- ☐ 20. Jh.

Lernfrage 1.3

Wie kann die Betriebswirtschaftslehre unterteilt werden?

- ■ ABWL
- ■ SBWL
- ☐ HGB

Lernfrage 1.4

Welche Teilbereiche gibt es in der funktionalen Betriebswirtschaft?

- ■ Personalwirtschaft
- ☐ institutionelle Betriebswirtschaftslehre
- ☐ Marketing
- ■ Controlling
- ■ Organisation

Lernfrage 1.5

Was sind Beispiele für die institutionelle Betriebswirtschaftslehre?

- ■ Landwirtschaftsbetriebslehre
- ■ Sportmanagement

☐ Gesundheitswirtschaft

☐ Aufbauorganisation

Lernfrage 1.6

Was sind Nachbardisziplinen der BWL?

■ Psychologie

■ Rechtswissenschaft

■ Politikwissenschaft

Lernfrage 1.7

Wie lässt sich der Begriff der Effektivität definieren?

☐ die Dinge richtig tun

☐ die Dinge zielgerichtet tun

■ die richtigen Dinge tun

Lernfrage 1.8

Von welchem Klassiker stammt das „Nadel"-Beispiel für die Arbeitsteilung?

☐ David Ricardo

☐ John M. Keynes

■ Adam Smith

Notizen

Die wichtigsten Stichwörter:

Das muss ich mir nochmals anschauen:

Prüfungstipps

- In Prüfungen ist es wichtig, die Betriebswirtschaftslehre von der Volkswirtschaftslehre abgrenzen zu können. Überlegen Sie sich vorab einige prägnante Beispiele oder versuchen Sie, die Unterschiede anhand eines Begriffspaares zu konkretisieren.
- Machen Sie sich mit den grundlegenden Definitionen vertraut und prägen Sie sich einige wichtige Begriffsbestimmungen ein.
- Lernen Sie, wichtige Schlüsselbegriffe an Beispielen aus der Praxis zu präzisieren.

Kapitel 2

Finanz- und Rechnungswesen

Lernhinweise zu Kapitel 2

Was erwartet mich in diesem Kapitel?

Dieses Kapitel gibt zunächst einen Überblick über das Finanz- und Rechnungswesen. Es werden die Grundbegriffe näher erläutert und die Unterschiede zwischen dem externen und dem internen Rechnungswesen thematisiert.

Welche Schlagwörter lerne ich kennen?

■ Jahresabschluss ■ Finanzbuchführung ■ Kosten- und Leistungsrechnung ■ Einnahmen-Überschuss-Rechnung ■ doppelte Buchführung ■ Doppik ■ Bilanz ■ Gewinn- und Verlustrechnung (GuV) ■ Anhang ■ Lagebericht ■ Rechnungslegungsstandard ■ IFRS ■ Controlling ■ pagatorisch ■ kalkulatorisch ■ betriebliche Statistik ■ Testat ■ Stakeholder ■ Handelsbilanz ■ Steuerbilanz ■ Kameralistik ■ Kapitalflussrechnung ■ Eigenkapitalspiegel ■ Investor Relations ■ Grundsätze ordnungsmäßiger Buchführung (GoB) ■ Belegprinzip ■ Journal ■ Kontenrahmen ■ Kontenplan ■ Passiva ■ Aktiva ■ Buchung ■ Bestandskonto ■ Erfolgskonto ■ Passivtausch ■ Aktivtausch ■ Kostenartenrechnung ■ Kostenstellenrechnung ■ Kostenträgerrechnung ■ ERP ■ Gemeinkosten ■ Regressionsrechnung ■ Divisionskalkulation ■ Zuschlagskalkulation ■ Deckungsbeitragsrechnung ■ Prozesskostenrechnung ■ Investition ■ Finanzierung ■ Desinvestition ■ Re-Investition ■ Amortisationsrechnung ■ Annuitätenmethode ■ Thesaurierung ■ Cashflow ■ Fungibilität ■ Leasing ■ Factoring ■ Lieferantenkredit ■ Kontokorrentkredit ■ Lombardkredit ■ Optionsanleihe

Wofür benötige ich dieses Wissen?

Die Grundbegriffe des Rechnungswesens sind ein wichtiger Ausgangspunkt für nahezu alle betriebswirtschaftlichen Fragestellungen. Grundkenntnisse in der Finanzbuchführung sind unerlässlich. Darüber hinaus ist es wichtig, die Finanzierungsformen eines Unternehmens zu kennen und zu verstehen, welche Arten von Investitionen es gibt.

Systematisierung

Das Rechnungswesen erfüllt in jedem Unternehmen eine zentrale Funktion, denn es erfasst und verarbeitet alle Geld- und Leistungsströme, die aus dem betrieblichen Leistungsprozess resultieren. Es wird zwischen dem externen und dem internen Rechnungswesen unterschieden.

Rechnungswesen	
extern	intern
Jahresabschluss, Finanzbuchführung	Kosten- und Leistungsrechnung

Das externe Rechnungswesen hat die Aufgabe, gegenüber Dritten Rechenschaft abzulegen, und bildet die wirtschaftliche und finanzielle Situation des Unternehmens ab.

Externe Adressaten sind neben dem Finanzamt Gläubiger, Anteilseigner (wie Aktionäre), Interessenten und Lieferanten.

Die **rechtliche Grundlage** für das betriebliche Rechnungswesen bildet das Handelsgesetzbuch (HGB), das eine umfassende Darstellung der Ertrags-, Finanz- und Vermögenslage des Unternehmens erfordert.

Diese Rechenlegung erfolgt bei den meisten Unternehmen durch die Finanzbuchführung, auch FiBu genannt. Es gibt einige Ausnahmen wie Freiberufler, zu denen neben den Kammerberufen (Ärzte, Steuerberater, Rechtsanwälte) auch Künstler, Journalisten und Autoren zählen. Diese müssen lediglich eine Einnahmen-Überschuss-Rechnung im Rahmen der Gewinnermittlung erstellen. Von der Finanzbuchführung sind auch Kleingewerbetreibende bis zu einer bestimmten Umsatz- und Gewinnhöhe befreit.

Gewinnermittlungsarten	
handelsrechtlich	Gewinn- und Verlustrechnung
steuerrechtlich	Einnahmen-Überschuss-Rechnung
	Betriebsvermögensvergleich

Bei den anderen Unternehmen ist die Finanzbuchhaltung oder Finanzbuchführung in Form der doppelten Buchführung (Doppik) vorgeschrieben.

Buchführungsvorschrift	
Unternehmen	**Freiberufler Kleingewerbetreibende**
Doppelte Buchführung, Jahresabschluss	Einnahmen-Überschuss-Rechnung

Die Buchungen, die in der Finanzbuchführung vorgenommen werden, bilden die Grundlage für den Jahresabschluss, der aus der Bilanz, der Gewinn- und Verlustrechnung sowie dem Anhang und – je nach Unternehmensgröße – dem Lagebericht besteht. Der Lagebericht (nach § 289 HGB) kann auch außerhalb des Jahresabschlusses erstellt werden. Bei kapitalmarktorientierten Unternehmen gehören eine Kapitalflussrechnung und ein Eigenkapitalspiegel zum Jahresabschluss (§ 264, Abs. 1, S. 2 HGB).

Welche Bestandteile der Jahresabschluss zusätzlich umfasst, hängt vom jeweiligen Rechnungslegungsstandard ab. Einzelunternehmen in Deutschland müssen nach dem Handelsgesetzbuch (HGB) bilanzieren. **Konzerne**, die am Kapitalmarkt aktiv sind (beispielsweise eine Anleihe begeben haben), sind darüber hinaus verpflichtet, für den Konzern einen Jahresabschluss nach dem Rechnungslegungsstandard der Europäischen Union vorzulegen, der **IFRS** (International Financial Reporting Standards) genannt wird. Die Kapitalmarktorientierung von Konzernen ist das maßgebliche Kriterium für die Anwendung von IFRS.

Rechnungslegungsstandard		
Deutschland	**EU**	**USA**
HGB	IFRS (Konzerne)	US-GAAP

Neben dem externen Rechnungswesen verfügt jedes Unternehmen über ein **internes Rechnungswesen**, das im Englischen als Managerial Accounting oder Management Accounting bezeichnet wird. Es dient der Kontrolle, Steuerung und Koordination von Unternehmensprozessen. Anhand der systematisch erhobenen und ausgewerteten Kennzahlen bildet das interne Rechnungswesen die Basis für das Controlling, das komplexe Steuerungs- und Feedbacksysteme im Betrieb umsetzt.

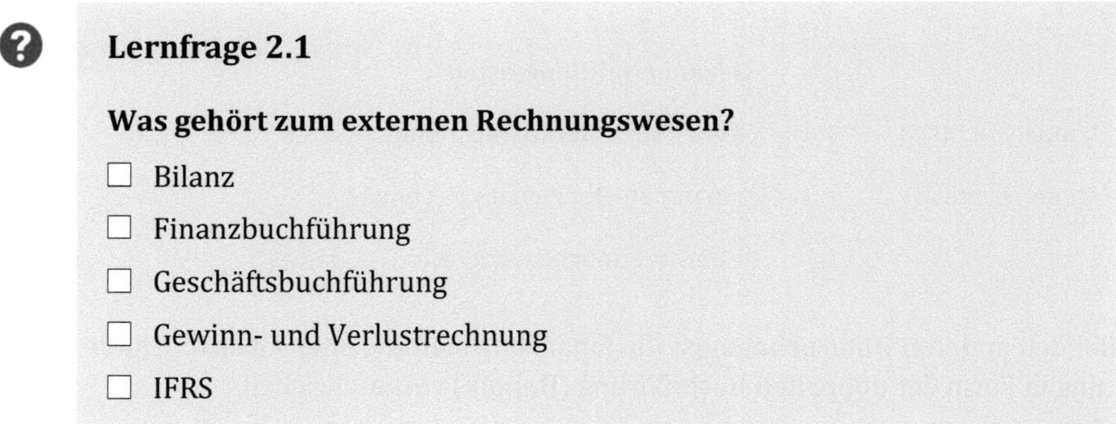

Lernfrage 2.1

Was gehört zum externen Rechnungswesen?

- ☐ Bilanz
- ☐ Finanzbuchführung
- ☐ Geschäftsbuchführung
- ☐ Gewinn- und Verlustrechnung
- ☐ IFRS

Das Kernstück des internen Rechnungswesens ist die **Kosten- und Leistungsrechnung**, die nicht auf gesetzlichen Vorschriften, sondern auf unternehmensinternen Vorgaben beruht. Allerdings können die Art und der Umfang der Kosten- und Leistungsrechnung in besonderen Unternehmen wie beispielsweise Krankenhäusern gesetzlich festgelegt sein, um eine umfassende und transparente Kostenkontrolle zu ermöglichen.

Rechnungswesen	
extern	intern
Finanzbuchführung	Kostenrechnung
pagatorische Größen	kalkulatorische Größen

Das **externe Rechnungswesen** geht von tatsächlichen (pagatorischen) Rechnungsgrößen aus, während das interne Rechnungswesen, um die Vergleichbarkeit von Unternehmen zu gewährleisten, auch fiktive, aber plausible (kalkulatorische) Größen einsetzen kann. So gibt es beispielsweise eine kalkulatorische Miete. Um zwei verschiedene Betriebe vergleichen zu können, werden für beide kalkulatorische Mieten angesetzt. Auch wenn eines der Unternehmen Eigentümer der Immobilie sein sollte, wird eine kalkulatorische Miete unterstellt. Durch diese Fiktion können die Belastungen beider Unternehmen vergleichbar gemacht werden.

Darüber hinaus sieht das interne Rechnungswesen noch andere imaginäre Größen vor wie den kalkulatorischen Unternehmerlohn, der dem Ausgleich von Belastungen unterschiedlicher Rechtsformen (Beispiel: Einzelunternehmen und GmbH) dient, oder kalkulatorische Wagnisse.

In der Kosten- und Leistungsrechnung gibt es auch kalkulatorische Abschreibungen, bei denen der Wiederbeschaffungswert zugrunde gelegt werden kann, was im externen Rechnungswesen nicht gestattet ist, das in den meisten Fällen von den Anschaffungs- oder Herstellungskosten ausgeht. Die Kosten- und Leistungsrechnung kann auch Durchschnitts- und Planwerte berücksichtigen (Normal- und Plankostenrechnung). Den Ausschlag gibt die Verwendbarkeit der Daten im Unternehmensalltag. Im externen Rechnungswesen hingegen müssen alle Größen den sehr detaillierten handels- und steuerrechtlichen Vorgaben entsprechen.

> Neben dem externen und dem internen Rechnungswesen gehören auch die betriebliche Statistik und die Vergleichsrechnung zum betrieblichen Rechnungswesen. Die Planungsrechnung dient der Vorbereitung von betrieblichen Maßnahmen und erstellt Prognosen, auf deren Basis Strategien entwickelt und konzipiert werden.

Das externe Rechnungswesen

Die Rechnungslegung hat die Aufgabe, externe Adressaten über die Ertrags-, Finanz- und Vermögenslage eines Unternehmens zu informieren. Auch die Höhe der Steuern und die Gewinnverteilung werden dadurch ermittelt. Insofern hat das Rechnungswesen eine wichtige Dokumentationsfunktion. Jahresabschlüsse müssen von einem unabhängigen Wirtschaftsprüfer kontrolliert werden, der dann ein Testat erteilt.

Zu den Adressaten des Jahresabschlusses gehören

- das Finanzamt,
- Gläubiger,
- Anteilseigner,
- Kunden,
- Lieferanten und auch
- so genannte Stakeholder (Interessengruppen) wie beispielsweise Mitarbeiter.

In zahlreichen Ländern (wenn auch nicht in allen) wird die Höhe der zu entrichtenden Steuern nach dem Jahresabschluss (speziell der Steuerbilanz) bemessen.

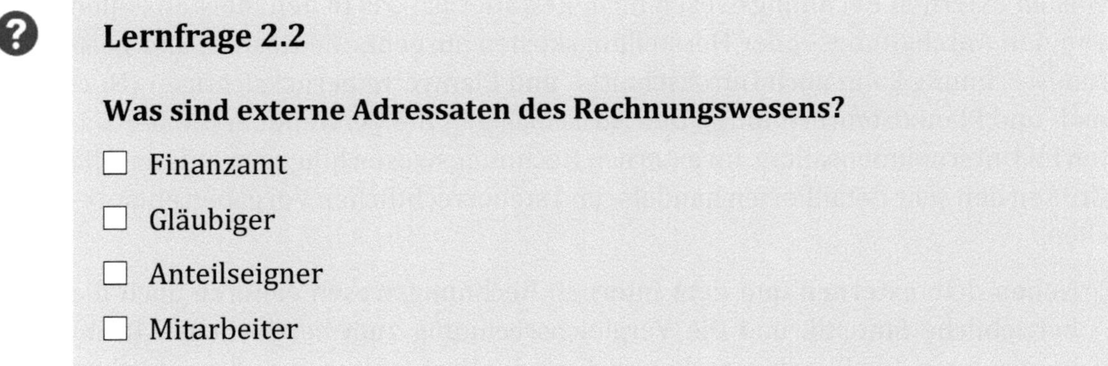

Jahresabschluss	
Handelsbilanz	Steuerbilanz
Gewinn- und Verlustrechnung (GuV)	
Anhang, Lagebericht	

In Deutschland wird hierfür neben der Handelsbilanz, die veröffentlicht wird, zusätzlich eine **Steuerbilanz** erstellt, die steuerrechtliche Bestimmungen (wie beispielsweise das Einkommensteuergesetz, die Abgabenordnung und andere Gesetze, Richtlinien und Verordnungen) berücksichtigen muss.

Lernfrage 2.2

Was sind externe Adressaten des Rechnungswesens?

- ☐ Finanzamt
- ☐ Gläubiger
- ☐ Anteilseigner
- ☐ Mitarbeiter

Die **öffentliche Verwaltung** hat das System der doppelten Buchführung noch eher zögerlich eingeführt. Sie orientiert sich an der so genannten **Kameralistik**, einer vereinfachten Verwaltungshaushaltsführung, die schon mehrere Jahrhunderte alt ist, aber den heutigen Anforderungen an das Rechnungswesen kaum noch gerecht wird.

Der **Jahresabschluss**, der eine Zusammenfassung der erhobenen Daten aus der Finanzbuchführung darstellt, gliedert sich in die Bilanz (Handels- und Steuerbilanz), Gewinn- und Verlustrechnung (GuV), Anhang und (bei größeren Unternehmen) dem Lagebericht, der die wirtschaftlichen Perspektiven für die zukünftige Unternehmensentwicklung erläutert. Im Anhang werden oft weiterführende Informationen beispielsweise zur Struktur der Bilanz oder einzelnen Abschreibungen gegeben.

Zusätzlich müssen bei Konzernabschlüssen und bei der Rechnungslegung nach dem EU-Standard IFRS weitere Angaben gemacht werden. Hierzu zählen

- eine Gesamtergebnisrechnung,
- eine Kapitalflussrechnung und
- ein Eigenkapitalspiegel.

Darüber hinaus können branchenspezifische Besonderheiten zum Tragen kommen. So gibt es spezielle Rechnungslegungsvorschriften beispielsweise für Versicherungen und Banken.

Jahresabschlüsse müssen nach dem **Publizitätsgesetz** veröffentlicht werden (mit Ausnahme der Steuerbilanz). Im Regelfall müssen die Jahresabschlüsse beim Handelsregister eingereicht und im Bundesanzeiger publiziert werden. Im Internet werden die Jahresabschlüsse und zusätzliches anschauliches Zahlenmaterial für Anleger und Investoren auf der Unternehmenswebsite unter der Rubrik „Investor Relations“ veröffentlicht. Die Steuerbilanz muss in einem bestimmten einheitlichen Format als so genannte „E-Bilanz“ beim zuständigen Finanzamt elektronisch eingereicht werden.

Um die Jahresabschlüsse weltweit für Investoren zu standardisieren, haben sich Gremien etabliert, die versuchen, möglichst einheitliche **Rechnungslegungsstandards** zu entwickeln, damit Investoren weltweit die Finanz-, Ertrags- und Vermögenslage eines Unternehmens einschätzen können. Hier ist das International Accounting Standards Board (IASB) zu nennen, das die IFRS (International Financial Reporting Standards) entworfen hat.

> Dieser Standard, der in der gesamten Europäischen Union gilt, ähnelt dem amerikanischen System des US-GAAP (United States Generally Accepted Accounting Principles). Probleme bei der Einführung ergaben sich in der Vergangenheit dadurch, dass das US-Rechtssystem auf einem Case Law beruht, bei dem Richterentscheidungen verbindlich sind. Das kontinentaleuropäische Rechtssystem fußt hingegen auf geschriebenen Gesetzen (kodifiziertes Recht). Das kontinentaleuropäische System versucht, durch detaillierte Regelungen alle möglichen Fälle abstrakt und verallgemeinert zu erfassen, während das angloamerikanische Rechtssystem kasuistisch (einzelfallbezogen) ausgerichtet ist und sich mehr pragmatisch an einer Weiterentwicklung eines konzeptartigen Modells orientiert, das durch die Rechtsprechung vorgegeben wird.

In der Praxis führt die angestrebte Annäherung der Rechnungslegungsstandards dazu, dass in Deutschland einige Rechnungslegungsvorschriften an die internationalen Gepflogenheiten angepasst wurden.

Lernfrage 2.3

Was sind Beispiele für Rechnungslegungsstandards?

☐ HGB-Bilanzierung

☐ IFRS

- ☐ IKR
- ☐ US-GAAP
- ☐ GKR

Die Buchführung

Die Buchführung ist die wichtigste Grundlage für das betriebliche Rechnungswesen. In Deutschland sind die Grundsätze ordnungsmäßiger Buchführung maßgeblich, die die Rahmenbedingungen und Prinzipien festlegen.

Neben den gesetzlichen Bestimmungen, die im Handelsgesetzbuch (HGB) verankert sind, gelten Regeln, die aus der kaufmännischen Praxis abgeleitet sind.

Die **Buchführung** erfordert eine lückenlose, sachlich und zeitlich geordnete Aufzeichnung aller Geschäftsvorfälle anhand von Belegen.

Dieses **Belegprinzip** ist der Ausgangspunkt und die Basis der Buchführung. In äußerst seltenen Fällen und unter erheblichen Einschränkungen dürfen Eigenbelege verwendet werden.

Begrifflich wird zwischen der Finanzbuchführung (FiBu) und der Betriebs- oder Geschäftsbuchführung unterschieden, was ein Synonym für die Kostenrechnung ist. Die Daten der Finanzbuchführung werden im Jahresabschluss zusammengefasst und verdichtet, der aus der Bilanz, der Gewinn- und Verlustrechnung, dem Anhang und dem Lagebericht sowie weiteren Informationen besteht (Eigenkapitalspiegel u.a.), die von der Größe des Unternehmens, der Rechtsform und dem Rechnungslegungsstandard (HGB-Bilanzierung, IFRS) abhängen.

Umgangssprachlich wird auch der Begriff „Buchhaltung" verwendet; in den Gesetzestexten wird aber der Terminus „Buchführung" bevorzugt. Buchhaltung ist häufig die Bezeichnung für die Abteilung im Unternehmen, die für das betriebliche Rechnungswesen zuständig ist.

> Die Buchführung hat mehrere grundlegende Ziele. Sie soll die Geschäftsvorfälle im Unternehmen systematisch und chronologisch dokumentieren und einem sachkundigen Dritten einen umfassenden Einblick in die Vermögens-, Ertrags- und Finanzlage geben.

Finanzbuchführung		
Vermögenslage	Ertragslage	Finanzlage

Die Erfolgsermittlung in der Gewinn- und Verlustrechnung erfolgt durch eine Gegenüberstellung von Ertrag und Aufwand.

Kaufleute sind zur Buchführung verpflichtet. Ein Gewerbe liegt vor, wenn das Unternehmen nach Art und Umfang einen in kaufmännischer Weise eingerichteten Geschäftsbetrieb erforderlich macht. Im Bilanzmodernisierungsgesetz (§ 241a HGB) wurden jedoch kleinere Unternehmen von der Buchführungspflicht befreit. Auch das Steuerrecht sieht eine Buchführungspflicht vor, der zufolge Aufzeichnungen zu erstellen sind, soweit diese für die Besteuerung von Relevanz sind.

Wie die Buchführung funktioniert

Das Handelsgesetzbuch legt in § 238 HGB fest, welche Bedingungen bei der Buchführung einzuhalten sind:

„Die Buchführung muss so beschaffen sein, dass sie einem sachverständigen Dritten innerhalb angemessener Zeit einen Überblick über die Geschäftsvorfälle und über die Lage des Unternehmens vermitteln kann. Die Geschäftsvorfälle müssen sich in ihrer Entstehung und Abwicklung verfolgen lassen."

Unbestimmt ist der Begriff „sachverständiger Dritter". Hierbei kann es sich um einen Wirtschaftsprüfer, einen Finanzbeamten oder um einen Gläubiger oder Anteilseigner handeln.

Auch das Steuerrecht stellt konkrete Anforderungen an die Buchführung. Wenn beispielsweise für Buchungen keine Belege vorhanden sind, ist die Buchführung nicht korrekt. Dies kann dazu führen, dass das Finanzamt nach § 162 der Abgabenordnung (AO) eine Schätzung vornimmt.

Die wichtigste Grundlage für die Buchführung in der Praxis sind die Grundsätze ordnungsmäßiger Buchführung (GoB). Sie fassen sowohl einzelne Gesetze als auch kaufmännische Handelsbräuche (Usancen) zusammen.

Grundsätze ordnungsmäßiger Buchführung (GoB)	
Hauptgrundsätze	Belegprinzip
	Archivierungsprinzip
	Bruttoprinzip (Saldierungsverbot)
	Gliederungsprinzip
	Systematisierungsprinzip
	zeitnahe Buchung
	Stornierungsprinzip (Korrekturverbot)

Rahmengrundsätze	Richtigkeit
	Klarheit
	Einzelbewertung
	Wertaufhellung
	Vollständigkeit
Abgrenzungsgrundsätze	Realisationsprinzip
	Imparitätsprinzip
	Periodisierungsprinzip
	Stichtagsprinzip
Weitere Grundsätze	Vorsichtsprinzip
	Kontinuitätsprinzip
	Stetigkeitsprinzip

Eine solche Maxime ist der Richtigkeitsgrundsatz, demzufolge nur wahre Buchungen erfolgen dürfen für Geschäftsvorfälle, die sich tatsächlich ereignet haben. Scheinbuchungen sind verboten.

Ein weiterer Grundsatz besteht in der Klarheit. Alle Buchungen müssen klar, transparent, nachvollziehbar und eindeutig sein. Darüber hinaus dürfen Buchungen nicht im Nachhinein verändert werden. Buchhaltungssoftware ist daher einer Zulassung unterworfen. Nur Programme, bei denen die Eintragungen nicht gelöscht werden können, dürfen verwendet werden. Bei einer Fehlbuchung, wie sie durch einen Tippfehler entstehen kann, muss der Buchungssatz „storniert" werden. Er erscheint dann auf dem Bildschirm als durchgestrichen. Eine Löschung wird vom Programm blockiert, damit Wirtschaftsprüfer oder das Finanzamt nachvollziehen können, ob es sich um eine Manipulation oder um eine versehentliche Fehleingabe handelt. Dieselbe Vorschrift gilt übrigens auch für Registrierkassen. Auch diese sind technisch so konstruiert, dass falsche Eingaben nur storniert, aber nicht gelöscht werden können.

In der Buchhaltung muss jede Buchung durch einen Beleg gesichert sein. Ohne einen Beleg darf keine Buchung erfolgen. Es gibt jedoch Ausnahmen: Eine generelle Ausnahme liegt vor, wenn für eine Transaktion kein Beleg aufgrund der Art des Vorgangs vorhanden ist. So können Abschreibungen auf Maschinen nicht belegt werden, da es für sie naturgemäß keine „Rechnung" gibt. In diesem Fall wird ein Abschreibungsbeleg erstellt. Für Belegarten, die eine Rechnung voraussetzen, kann nur in äußersten Ausnahmefällen ein Ersatzbeleg angefertigt werden. Grundsätzlich gilt: Keine Buchung ohne Beleg. Buchführungsunterlagen wie Belege müssen zehn Jahre aufbewahrt werden. Für Geschäftsbriefe gilt eine Aufbewahrungsfrist von sechs Jahren.

Die Erfassung der Belege sollte zeitnah erfolgen. Die Belege müssen sorgfältig sortiert, systematisch und fortlaufend eingeordnet werden. Die Buchungen müssen lückenlos und für Dritte nachvollziehbar und übersichtlich sein. Dies gilt auch für unternehmensinterne Abkürzungen.

Bei der doppelten Buchführung werden bei jedem Buchungssatz zwei Konten berücksichtigt, und zwar im Soll und im Haben.

Die Gewinnermittlung kann auf zwei verschiedene Weisen erfolgen: durch den Vergleich des vorhandenen Eigenkapitals (Eigenkapitalvergleich) oder durch die Differenz von Aufwendungen und Erträgen im Geschäftsjahr, die in der Gewinn- und Verlustrechnung des Jahresabschlusses festgehalten werden.

Jede Buchführung besteht aus einem Grundbuch (Journal), in dem die Buchungen chronologisch verzeichnet sind, und einem Hauptbuch, in dem die Buchungen nach Kategorien (Kontenarten) gegliedert sind.

Finanzbuchführung	
Grundbuch (Journal)	Hauptbuch
chronologische Erfassung	systematische Erfassung

Darüber hinaus enthält die Buchführung so genannte Nebenbücher.

Nebenbücher	
Lagerbuchführung	Gehaltsbuchführung
Anlagenbuchführung	Kassenbuchführung
Rechnungsausgangsbuchführung (Fakturierung)	Debitoren(Kunden)-Buchführung Kreditoren(Lieferanten)-Buchführung

Da heutzutage die Buchführung ausschließlich durch Software erfolgt, ist diese früher so offensichtliche Aufteilung im Programm integriert. Die Konten, die in der Buchhaltung verwendet werden, sind in einen unternehmensspezifischen Kontenplan eingebettet. Als „Mustervorlage" gibt es branchenbezogene Kontenrahmen wie beispielsweise den Industriekontenrahmen (IKR) oder den Gesamtkontenrahmen (GKR) und den Standardkontenrahmen (SKR), der branchenspezifisch untergliedert wird und sich durchgesetzt hat.

Der Kontenrahmen besteht aus Kontenklassen, Kontengruppen und Kontenarten.

Kontenrahmen	
Gesamtkontenrahmen	veraltet
Industriekontenrahmen	Zweikreissystem (externes und internes Rechnungswesen)

Standardkontenrahmen	Handel
	Banken
	Dienstleistungen
	Vereine
	Arztpraxen
	Krankenhäuser
	Landwirtschaft
	Hotels

Die Buchführung im Detail

Bei den Konten wird differenziert zwischen Soll- und Habenkonten. Diese Bezeichnungen sind historisch bedingt. Für Anfänger ist es häufig schwierig, Buchungssätze nachzuvollziehen, da sie sich an der umgangssprachlichen Bedeutung von „Haben" und „Soll" orientieren, wie sie in Kontoauszügen von Banken verwendet wird.

Im Bereich der Buchhaltung sind die Bezeichnungen völlig irreführend. Vielmehr gilt ein grundsätzliches Schema:

> Bei Passivkonten werden Zugänge immer im Haben gebucht, während bei Aktivkonten die Buchung eines Zugangs stets im Soll erfolgt.

Die Wortbedeutung „Soll" und „Haben" leitet sich geschichtlich aus dem Lieferantenkonto ab. Da es aber bei der Buchführung eine Vielzahl unterschiedlicher Passiv- und Aktivkonten gibt, ist dies völlig verwirrend, da bei einigen Konten genau das Gegenteil gemeint ist. Die Bezeichnungen „Soll" und „Haben" sind daher nur „Worthülsen" oder Platzhalter, die auch durch „X" und „Y" ersetzt werden könnten.

> Vor der Einführung von Buchhaltungssoftware wurden die Konten in Büchern gelistet, wobei ein so genanntes T-Schema verwendet wurde, also eine Tabelle mit zwei Spalten. Heutzutage übernimmt die Software meist relativ automatisch die Buchung auf Soll- und Habenkonten. Dennoch muss man mit dem Kontenplan eines Unternehmens vertraut sein, damit die Buchungen in der Systematik richtig zugeordnet werden können.

Grundsätzlich gibt es eine Zweiteilung zwischen Bestands- und Erfolgskonten. Bestandskonten erfassen beispielsweise die Bestände an Vermögensgegenständen. Hierzu gehören Grundstücke, Anlagen, Maschinen, der Fuhrpark, Patente, die Büro- und Geschäftsausstattung, Vorräte, Girokonten, Forderungen gegenüber Kunden und das Bargeld in der Kasse. Diese Vermögensgegenstände werden in der Bilanz als Aktiva bezeichnet.

Bei diesen **aktiven Bestandskonten** werden alle Zugänge im Soll gebucht. Wenn folglich ein Kunde in einer Bäckerei ein Brot bezahlt und das Geld in die Kasse gelegt wird, dann wird dieser Betrag unter dem Konto „Kasse" im Soll gebucht. Wie bereits erwähnt, hilft hier das Alltagsverständnis nicht weiter – es gilt die schematische Regel.

Bilanz		**GuV**	
Bestandskonten		Erfolgskonten	
Aktivkonten	Passivkonten	Ertragskonten	Aufwandskonten

Passive Bestandskonten beziehen sich auf die Verbindlichkeiten eines Unternehmens. Hierzu gehören Lieferantenkredite und Bankdarlehen. Auch das Eigenkapital wird so erfasst. Bei passiven Bestandskonten werden Zugänge grundsätzlich im Haben gebucht. Wenn also ein Maschinenbauunternehmen einen Kredit bei einer Bank aufnimmt, dann wird diese Summe nicht im Soll, sondern im Haben gebucht.

Neben den Bestandskonten gibt es eine weitere Kategorie von Konten: die **Erfolgskonten**. Sie registrieren Geschäftsvorfälle, die erfolgswirksam sind. Der Begriff „Erfolg" wird neutral definiert: Es kann sich um einen Gewinn oder einen Verlust handeln.

Rechnungswesen		
Aspekt	Zufluss	Abfluss
Gesamtvermögen	Ertrag	Aufwand
Betriebsnotwendiges Vermögen	Erlös	Kosten
Geldvermögen	Einnahme	Ausgabe
Kasse	Einzahlung	Auszahlung

Dabei wird unterschieden zwischen Aufwand (Werteverzehr) und Ertrag (Wertezufluss). Aufwand sind Personalkosten, Zinsen für einen Kredit, Materialverbrauch oder Abschreibungen. Bei Erfolgskonten stimmt die umgangssprachliche Bedeutung von „Soll" und „Haben"; denn der Aufwand wird stets im Soll gebucht.

Aufwand ist der bewertete Güterverzehr in einer Periode.

Aufwendungen verringern das Eigenkapital, während Erträge es erhöhen.

Die mit Abstand wichtigsten Erträge in den meisten Unternehmen sind die Umsatzerlöse, die durch den Verkauf von Produkten oder Dienstleistungen erzielt werden. Erträge werden auf der Habenseite gebucht.

Bei einer einfachen Buchung sind immer zwei Konten beteiligt – eine Buchung erfolgt im Soll, die andere im Haben. Prägnant wird dies in einem Buchungssatz formuliert, bei dem zuerst die Soll- und dann die Habenbuchung durchgeführt wird. Traditionell werden die beiden Buchungen durch das Wort „an" verknüpft.

Ein **Beispiel**: Kauft ein Unternehmen eine Produktionsmaschine auf Kredit, so lautet ein sehr vereinfachter Buchungssatz:

Maschine an Verbindlichkeiten.

In der Praxis kommen jedoch komplexe (zusammengesetzte) Buchungssätze vor. So muss beispielsweise bei Käufen und Verkäufen die Umsatzsteuer berücksichtigt werden, was die Zahl der erforderlichen Buchungen erhöht. Erfolgsneutrale Buchungen beziehen sich auf Veränderungen in der Bilanz, während erfolgswirksame Buchungen auch Auswirkungen auf die Gewinn- und Verlustrechnung haben.

Buchungssystem	
Erfolgsneutrale Buchungen (nur bilanzbezogen)	Aktivtausch
	Passivtausch
	Aktiv-Passiv-Mehrung (Bilanzverlängerung)
	Aktiv-Passiv-Minderung (Bilanzverkürzung)
Erfolgswirksame Buchung (Bezug zur Bilanz und zur Gewinn- und Verlustrechnung)	Ertrag
	Aufwand

Buchungstechnisch sind mehrere Fälle möglich:

- Beim Aktivtausch erhöht sich durch die Buchung ein Aktivkonto, während ein anderes um den gleichen Betrag verringert wird.
- Beim Passivtausch geschieht der Vorgang bei den passiven Konten.
- Davon zu unterscheiden ist die Aktiv-Massiv-Mehrung, bei der sowohl ein Aktiv- als auch ein Passivkonto den gleichen Betrag erhalten. Dieser Vorgang wird als Bilanzverlängerung bezeichnet. Bei der Aktiv-Passiv-Minderung wird ein Betrag von einem Aktiv- und Passivkonto abgezogen, wodurch eine Bilanzverkürzung eintritt.

Der Jahresabschluss

Der Jahresabschluss fasst die Daten aus der Finanzbuchführung zusammen und stellt sie übersichtlich dar. Ein wichtiger Teil des Jahresabschlusses ist die Bilanz.

Der Begriff stammt aus dem Italienischen, da in der Lombardei das Finanzwesen zu Beginn der Neuzeit entwickelt wurde. Bilanz bedeutet „Waage“, denn beide Seiten der Bilanz befinden sich in einem Gleichgewicht.

Jahresabschluss	
Gewinn- und Verlustrechnung (GuV)	Bilanz
Anhang	Lagebericht

Die Bilanz fasst die Vermögensgegenstände, das Eigenkapital und die Verbindlichkeiten eines Unternehmens zusammen. Auf der linken Bilanzseite werden die Aktiva aufgeführt, die alle Vermögensgegenstände enthalten. Diese werden in Anlagevermögen, das langfristig im Unternehmen verbleibt, und Umlaufvermögen, das nur kurz- oder mittelfristig vorhanden ist, untergliedert. Die Aktivseite der Bilanz ist nach ihrer Liquidierbarkeit systematisiert. Vermögensgegenstände, die weiter unten bei den Aktiva aufgelistet sind, lassen sich schneller zu Geld machen.

Bilanz	Aktiva	Passiva
Bedeutung	Mittelverwendung	Mittelherkunft
Inhalt	Vermögensgegenstände	Eigenkapital und Fremdkapital
Gliederung	Liquidierbarkeit	Fälligkeit

Auf der rechten Seite der Bilanz wird die Herkunft des Vermögens dargestellt. Dabei wird unterteilt in Eigenkapital und Fremdkapital. Die genaue Systematisierung orientiert sich am Kriterium der Fälligkeit. Beide Kapitalarten werden als Passiva bezeichnet.

Lernfrage 2.4

Woraus besteht der Jahresabschluss?

- ☐ Bilanz
- ☐ Gewinn- und Verlustrechnung
- ☐ Anhang
- ☐ IFRS
- ☐ Lagebericht

Lernfrage 2.5

Welche Angaben sind nach IFRS zusätzlich erforderlich?

- ☐ Gesamtergebnisrechnung
- ☐ Kapitalflussrechnung
- ☐ Investitionsrechnung
- ☐ Eigenkapitalspiegel

Lernfrage 2.6

Welche Aspekte stellt die Finanzbuchführung dar?

- ☐ Finanzlage
- ☐ konjunkturelle Lage
- ☐ Ertragslage
- ☐ Vermögenslage
- ☐ Wirtschaftslage

Lernfrage 2.7

Was sind Hauptgrundsätze der GoB?

- ☐ Belegprinzip
- ☐ Periodisierungsprinzip
- ☐ Stornierungsprinzip
- ☐ Going-Concern-Prinzip

Lernfrage 2.8

Wie werden Ab- und Zuflüsse beim Gesamtvermögen bezeichnet?

- ☐ Einnahmen
- ☐ Ausgaben
- ☐ Erträge

Lernfrage 2.9

Was ist eine erfolgswirksame Buchung?

- ☐ Aktivmehrung
- ☐ Passivmehrung
- ☐ Aufwand

Bilanz im Detail

Übersicht über die Struktur einer Bilanz:

Aktivseite (Mittelverwendung)
A Anlagevermögen
I. Immaterielle Vermögensgegenstände
1. Selbst geschaffene gewerbliche Schutzrechte und ähnliche Rechte und Werte; 2. Entgeltlich erworbene Konzessionen, gewerbliche Schutzrechte und ähnliche Rechte und Werte sowie Lizenzen an solchen Rechten und Werten; 3. Geschäfts- oder Firmenwert;
II. Sachanlagen
1. geleistete Anzahlungen und Anlagen im Bau; 2. Grundstücke, grundstücksgleiche Rechte und Bauten einschließlich der Bauten auf fremden Grundstücken; 3. technische Anlagen und Maschinen; 4. andere Anlagen, Betriebs- und Geschäftsausstattung; 5. geleistete Anzahlungen;
III. Finanzanlagen
1. Anteile an verbundenen Unternehmen; 2. Ausleihungen an verbundene Unternehmen; 3. Beteiligungen; 4. Ausleihungen an Unternehmen, mit denen ein Beteiligungsverhältnis besteht; 5. Wertpapiere des Anlagevermögens; 6. sonstige Ausleihungen.
B Umlaufvermögen
IV. Vorräte/Vorratsvermögen
1. Rohstoffe, Hilfsstoffe und Betriebsstoffe; 2. unfertige Erzeugnisse, unfertige Leistungen; 3. fertige Erzeugnisse und Waren; 4. geleistete Anzahlungen.
V. Forderungen und sonstige Vermögensgegenstände
1. Forderungen aus Lieferungen und Leistungen; 2. Forderungen gegen verbundene Unternehmen; 3. Forderungen gegen Unternehmen, mit denen ein Beteiligungsverhältnis besteht; 4. sonstige Vermögensgegenstände.

VI. Wertpapiere

1. Anteile an verbundenen Unternehmen;
2. sonstige Wertpapiere;

VII. Kassenbestand, Bundesbankguthaben, Guthaben bei Kreditinstituten und Schecks

C Rechnungsabgrenzungsposten

D Aktive latente Steuern

E Aktiver Unterschiedsbetrag aus der Vermögensverrechnung

F (ggf.) Nicht durch Eigenkapital gedeckter Fehlbetrag

____

(Bilanzsumme)

Passivseite (Mittelherkunft)

A Eigenkapital

I. Gezeichnetes Kapital

II. Kapitalrücklage

III. Gewinnrücklagen

1. gesetzliche Rücklagen;
2. Rücklage für Anteile an einem herrschenden oder mehrheitlich beteiligten Unternehmen;
3. satzungsmäßige Rücklagen;
4. andere Gewinnrücklagen;

IV. Gewinnvortrag/Verlustvortrag;

V. Jahresüberschuss/Jahresfehlbetrag;

VI. (ggf.) Nicht durch Eigenkapital gedeckter Fehlbetrag

B Rückstellungen

I. Rückstellungen für Pensionen und ähnliche Verpflichtungen

II. Steuerrückstellungen

III. sonstige Rückstellungen

C Verbindlichkeiten

I. Verbindlichkeiten gegenüber Kreditinstituten;

II. erhaltene Anzahlungen auf Bestellungen;

III. Verbindlichkeiten aus Lieferungen und Leistungen;

IV. Verbindlichkeiten aus der Annahme gezogener Wechsel und der Ausstellung eigener Wechsel;

V. Verbindlichkeiten gegenüber verbundenen Unternehmen;

VI. Anleihen, davon konvertibel;

VII. Verbindlichkeiten gegenüber Unternehmen, mit denen ein Beteiligungsverhältnis besteht;

VIII. sonstige Verbindlichkeiten, davon aus Steuern,
davon im Rahmen der sozialen Sicherheit.

D Rechnungsabgrenzungsposten

E Passive latente Steuern

____

(Bilanzsumme)

Zusammenfassend lässt sich sagen: Die rechte Seite der Bilanz gibt an, woher das Kapital stammt, und die linke Seite beschreibt, wofür das Kapital verwendet wurde. Da alles Kapital, das dem Unternehmen zufließt, auch wieder eingesetzt wird (Gelder, die übrig sind, werden auf Bankkonten oder in der Kasse verwaltet), sind beide Seiten der Bilanz in ihrer Summe identisch. Man spricht vom Identitätsprinzip der Bilanz.

Die einzelnen Bilanzpositionen und deren Rangfolge sind vom Gesetzgeber im Handelsgesetzbuch detailliert festgelegt. Diese Vorschriften gelten aber vor allem für große und mittelgroße Kapitalgesellschaften sowie Personengesellschaften, die eine bestimmte Größe überschreiten. In der Regel verwenden aber auch kleinere Unternehmen und Einzelunternehmen diese Gliederung.

Der Jahresabschluss hat eine Rechnungslegungs-, eine Dokumentations-, Informations- und Bemessungsfunktion.

Er ist die Grundlage für die Verteilung des Gewinns an die Anteilseigner und für die Besteuerung. Der Jahresabschluss informiert über die Finanz-, Ertrags- und Vermögenslage eines Unternehmens.

Ein Jahresabschluss muss **zum Schluss eines jeden Geschäftsjahres** erstellt werden. Große und mittelgroße Kapitalgesellschaften können sich drei Monate länger Zeit lassen; kleinen Kapitalgesellschaften wird eine Überziehung von sechs Monaten zugebilligt, es sei denn, sie sind kapitalmarktorientiert.

Besonderheiten:

- Mögliche Forderungsausfälle müssen geprüft werden. Besteht diese Gefahr, muss eine Einzel- und Pauschalwertberichtigung vorgenommen werden.
- Die Aufwendungen und Erträge müssen periodengerecht auf die Geschäftsjahre verteilt werden. Dafür ist der so genannte Rechnungsabgrenzungsposten zuständig.

Die Bilanz (§ 266 HGB) wird ergänzt durch eine relativ detaillierte **Gewinn- und Verlustrechnung** (§ 275 HGB).

Gesamtkostenverfahren § 275 Abs. 2 HGB

1. Umsatzerlöse
2. Erhöhung oder Verminderung des Bestands an fertigen und unfertigen Erzeugnissen
3. andere aktivierte Eigenleistungen
4. sonstige betriebliche Erträge
5. Materialaufwand
   a) Aufwendungen für Roh-, Hilfs- und Betriebsstoffe und für bezogene Waren
   b) Aufwendungen für bezogene Leistungen
6. Personalaufwand
   a) Löhne und Gehälter
   b) soziale Abgaben und Aufwendungen für Altersversorgung und für Unterstützung, davon für Altersversorgung
7. Abschreibungen
   a) auf immaterielle Vermögensgegenstände des Anlagevermögens und Sachanlagen sowie auf aktivierte Aufwendungen für die Ingangsetzung und Erweiterung des Geschäftsbetriebs
   b) auf Vermögensgegenstände des Umlaufvermögens, soweit diese die in der Kapitalgesellschaft üblichen Abschreibungen überschreiten
8. sonstige betriebliche Aufwendungen

   = Betriebsergebnis

9. Erträge aus Beteiligungen, davon aus verbundenen Unternehmen
10. Erträge aus anderen Wertpapieren und Ausleihungen des Finanzanlagevermögens, davon aus verbundenen Unternehmen
11. sonstige Zinsen und ähnliche Erträge, davon aus verbundenen Unternehmen
12. Abschreibungen auf Finanzanlagen und auf Wertpapiere des Umlaufvermögens
13. Zinsen und ähnliche Aufwendungen, davon an verbundenen Unternehmen

    = Finanzergebnis

14. **Ergebnis der gewöhnlichen Geschäftstätigkeit**
15. außerordentliche Erträge

16. außerordentliche Aufwendungen
17. **außerordentliches Ergebnis**
18. Steuern vom Einkommen und Ertrag
19. sonstige Steuern
20. **Jahresüberschuss/-fehlbetrag**

Umsatzkostenverfahren § 275 Abs. 3 HGB

1. Umsatzerlöse
2. Herstellungskosten der zur Erzielung der Umsatzerlöse erbrachten Leistungen
3. Bruttoergebnis vom Umsatz
4. Vertriebskosten
5. allgemeine Verwaltungskosten
6. sonstige betriebliche Erträge
7. sonstige betriebliche Aufwendungen

= **Betriebsergebnis**

8. Erträge aus Beteiligungen, davon aus verbundenen Unternehmen
9. Erträge aus anderen Wertpapieren und Ausleihungen des Finanzanlagevermögens, davon aus verbundenen Unternehmen
10. sonstige Zinsen und ähnliche Erträge, davon aus verbundenen Unternehmen
11. Abschreibungen auf Finanzanlagen und auf Wertpapiere des Umlaufvermögens
12. Zinsen und ähnliche Aufwendungen, davon an verbundenen Unternehmen

= **Finanzergebnis**

13. **Ergebnis der gewöhnlichen Geschäftstätigkeit**
14. außerordentliche Erträge
15. außerordentliche Aufwendungen
16. **außerordentliches Ergebnis**
17. Steuern vom Einkommen und Ertrag
18. sonstige Steuern
19. **Jahresüberschuss/-fehlbetrag**

Inventur und Inventar

Bevor eine Bilanz erstellt werden kann, müssen die Vermögensgegenstände, das Eigenkapital und die Verbindlichkeiten zuerst inventarisiert werden. Die Methode dafür heißt Inventur.

Inventur	
Inventurverfahren	körperliche Bestandsaufnahme
	Buchinventur
	Anlageninventur
Inventurarten	Stichtagsinventur
	verlegte Inventur
	permanente Inventur
	Stichprobeninventur

Ein Inventar muss bereits zu Beginn der Unternehmenstätigkeit aufgestellt werden. Das Inventar umfasst alle vorhandenen Vermögensgegenstände, die im Einzelnen aufgelistet werden müssen, die Forderungen und Verbindlichkeiten sowie eventuell vorhandenes Bargeld.

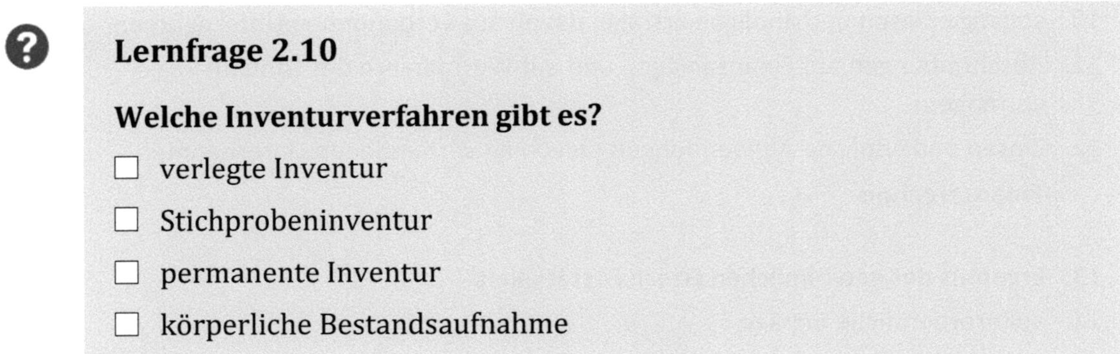

Lernfrage 2.10

Welche Inventurverfahren gibt es?

- ☐ verlegte Inventur
- ☐ Stichprobeninventur
- ☐ permanente Inventur
- ☐ körperliche Bestandsaufnahme

Kosten- und Leistungsrechnung

Die Kosten- und Leistungsrechnung, auch kurz Kostenrechnung genannt, gehört zum internen Rechnungswesen und dient dazu, die Kosten und Erlöse des Unternehmens zu erfassen. Dabei wird differenziert zwischen einer Ist-Kostenrechnung, die von den tatsächlichen Kosten ausgeht, einer Normalkostenrechnung mit Durchschnittswerten und einer Plankostenrechnung.

Kosten- und Leistungsrechnung
Kostenartenrechnung
Kostenstellenrechnung
Kostenträgerrechnung

Die Kostenrechnung hat mehrere wichtige Aufgaben: Sie bildet die Grundlage für die Kostenkalkulation von Produkten und Dienstleistungen. Darüber hinaus soll sie die Wirtschaftlichkeit der Wertschöpfungsprozesse durch Soll-Ist-Vergleiche kontrollieren und Informationen für die Steuerung und Entwicklung des Unternehmens liefern.

Die Kostenrechnung bezieht ihre Daten aus der Finanzbuchführung und der betrieblichen Statistik. Häufig wird die Kostenrechnung in ERP-Systeme (Enterprise Resource Planning) eingebunden, die die Ressourcen des Unternehmens verwalten und koordinieren.

Die Kostenrechnung wird in verschiedene Teildisziplinen untergliedert, und zwar in die Kostenarten-, Kostenstellen- und Kostenträgerrechnung.

Die **Kostenartenrechnung** systematisiert und erhebt die unterschiedlichen Kosten. Die Kostenstellenrechnung weist die Kosten einzelnen Kostenstellen zu und kann so zwischen Einzelkosten und Gemeinkosten sowie zwischen primären (abteilungseigenen) und sekundären (abteilungsfremden) Kosten differenzieren. Die genaue Aufteilung erfolgt im Betriebsabrechnungsbogen (BAB). Die Kostenstellenrechnung dient auch zur Verrechnung innerbetrieblicher Leistungen zwischen verschiedenen Abteilungen.

Für gemischte Kosten, die sich aus fixen und variablen Kosten zusammensetzen, ist eine sorgfältige Aufspaltung erforderlich, die mathematisch durch die Regressionsrechnung ermöglicht wird.

Kostenartenrechnung	
Aspekt	**Kostenart**
Produktionsfaktor	Materialkosten
	Personalkosten
	Dienstleistungskosten
	Kapitalkosten
	Raumkosten
	Kalkulatorische Kosten
Unternehmensfunktion	Fertigungskosten
	Verwaltungskosten
	Vertriebskosten
	Materialkosten
Zurechenbarkeit	Einzelkosten
	Gemeinkosten

Beschäftigungsschwankung	Fixkosten
	Variable Kosten
	Gemischte Kosten
Kostenherkunft	Primäre Kosten
	Sekundäre Kosten
Kostenerfassung	Pagatorische Kosten (aufwandsgleich)
	Kalkulatorische Kosten

Die **Kostenträgerrechnung** hat die Aufgabe, die Kosten den jewieligen Kostenträgern (Produkten, Dienstleistungen) zuzuweisen, und sie übernimmt die Funktion der Kalkulation. Je nach Fertigungstyp werden verschiedene Konzeptionen der Kalkulation unterschieden (Beispiel: Zuschlagskalkulation, Divisionskalkulation, Äquivalenzziffernkalkulation, Maschinenstundensatzrechnung).

Kostenrechnungssysteme – Vollkostenrechnung – Plankostenrechnung

Kostenrechnung	
Kostenrechnungssysteme	Plankostenrechnung
	Ist-Kostenrechnung
	Normalkostenrechnung
Teilkostenrechnung	Deckungsbeitragsrechnung (einstufig, mehrstufig, Fixkostendeckungsrechnung)
	Grenzplankostenrechnung
	Zielkostenrechnung (Target Costing)
besondere Systeme	Prozesskostenrechnung (Activity Based Costing)
	Projektkostenrechnung
	Riebelsche Einzelkostenrechnung

Bei der **Kalkulation** spielt die Deckungsbeitragsrechnung eine wichtige Rolle. Moderne Ansätze, die dieses System weiterentwickelt haben, sind die Prozesskostenrechnung (Activity Based Costing) und die aus Japan stammende Zielkostenrechnung (Target Costing). Für das Projektmanagement gibt es eine eigenständige Projektkostenrechnung.

Kalkulationsverfahren	
Zuschlagskalkulation (einstufig, zweistufig, dreistufig)	Divisionskalkulation
Äquivalenzziffernkalkulation	Maschinenstundensatzkalkulation

Lernfrage 2.11

Wie lässt sich die Kostenrechnung untergliedern?

- ☐ Kostenartenrechnung
- ☐ Kostenstellenrechnung
- ☐ Kosten- und Leistungsrechnung
- ☐ Kostenträgerrechnung

Lernfrage 2.12

Was beschreiben die Passiva?

- ☐ die Mittelverwendung
- ☐ die Mittelherkunft
- ☐ Eigen- und Fremdkapital

Lernfrage 2.13

Welche Kalkulationsverfahren gibt es?

- ☐ Zinskalkulation
- ☐ Divisionskalkulation
- ☐ Äquivalenzziffernkalkulation
- ☐ Zuschlagskalkulation

Finanzwirtschaft

Die Finanzwirtschaft besteht aus den Bereichen Investition, Finanzierung und dem Risikomanagement, das in den vergangenen Jahren immer mehr an Bedeutung gewonnen hat.

Die Finanzierung befasst sich mit der Beschaffung von Kapital, während die Verwendung der Mittel Gegenstand der Investitionslehre ist.

Bei der Finanzierung wird unterschieden zwischen dem Eigenkapital und dem Fremdkapital. Darüber hinaus gibt es Mischformen, die einen Status zwischen Eigen- und Fremdkapital haben (mezzanine Finanzierungen).

Investition bedeutet die Verwendung von Kapital, das in Vermögensgegenstände oder Geldkapital umgewandelt wird.

Das Unternehmen erwirbt mit dem vorhandenen Eigen- oder Fremdkapital Maschinen, Grundstücke, Rohstoffe, Unternehmensbeteiligungen oder deponiert einen Teil in der Kasse oder auf dem Konto.

In der Systematik wird folgendermaßen differenziert:

Investitionen	
Aspekt	**Beispiele**
Zweck	Gründungs-, Erweiterungs-, Ersatz-, Rationalisierungs-, Re- und Desinvestitionen
Gegenstand	Sachinvestitionen, immaterielle Investitionen, Finanzinvestitionen
Neuheit	Netto- und Bruttoinvestitionen
Bereich	Forschungs-, Fertigungs-, Vertriebsinvestitionen

Entscheidungen über Investitionen sind für die Unternehmen schwierig, da sie die Ertragslage beeinflussen. Faktoren, die dabei bedacht werden müssen, sind die Kapitalbindung und die für die Investition erforderliche Kapitalintensität sowie die Rentabilität und die voraussichtliche Nutzungsdauer.

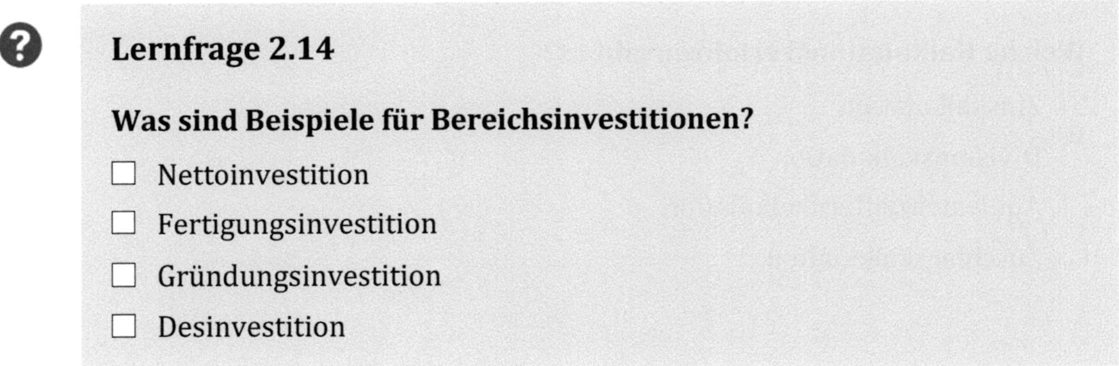

Lernfrage 2.14

Was sind Beispiele für Bereichsinvestitionen?

- ☐ Nettoinvestition
- ☐ Fertigungsinvestition
- ☐ Gründungsinvestition
- ☐ Desinvestition

Investitionsrechnung

Die Investitionsrechnung befasst sich mit der optimalen Nutzung von Investitionen und ermittelt, welche Vor- und Nachteile eine Investition für das Unternehmen hat. Die Investitionsrechnung gliedert sich in statische und dynamische Verfahren.

Statische Verfahren basieren auch Durchschnittswerten, die der Kostenrechnung entnommen wurden.

Statische Verfahren der Investitionsrechnung
Gewinnvergleichsrechnung
MAPI-Verfahren
Kostenvergleichsrechnung
Rentabilitätsrechnung
Amortisationsrechnung

Dynamische Verfahren beziehen eine Vielzahl von Wirtschaftlichkeitsaspekten mit ein. So wird der Barwert einer Investition berücksichtigt. Eine Investition gilt nur dann als sinnvoll, wenn der Barwert den Investitionsaufwand übersteigt.

Dynamische Verfahren der Investitionsrechnung
Vermögensendwertmethode
Methode des interne Zinsfußes
Annuitätenmethode
Dynamische Amortisationsrechnung
Economic Value Added (EVA)

Lernfrage 2.15

Was ist ein Beispiel für die statische Investitionsrechnung?

- ☐ Annuitätenmethode
- ☐ Amortisationsrechnung
- ☐ Kapitalwertmethode

Finanzierung

Die Finanzierung gehört zur Finanzwirtschaft und befasst sich der Bereitstellung von Kapital für das Unternehmen.

Die Art der Finanzierung wird nach der Methode der Kapitalbeschaffung (Außen- oder Innenfinanzierung) und nach der Stellung des Kapitalgebers (Eigenkapital versus Fremdkapital) kategorisiert. Erfolgt eine Fremdfinanzierung von außen, spricht man von Kreditfinanzierung. Gründet sich die Finanzierung auf der Beschaffung von Eigenkapital, das von Außenstehenden stammt, liegt eine Beteiligungsfinanzierung vor. Wird hingegen das Eigenkapital selbst aufgebracht, ist eine Selbstfinanzierung gegeben. Von einer innenfinanzierten Fremdfinanzierung wird gesprochen, wenn die Finanzierung aus Rückstellungen in der Bilanz erfolgt.

Finanzierung			
Innenfinanzierung		**Außenfinanzierung**	
Eigen-finanzierung	Fremd-finanzierung	Eigen-finanzierung	Fremd-finanzierung
Selbst-finanzierung	aus Rückstellungen	Beteiligungs-finanzierung	Kreditfinanzierung

Bei der **Innenfinanzierung** erfolgt die Beschaffung von Kapital durch die Einbehaltung von Gewinnen, was als Thesaurierung bezeichnet wird. Das Innenrefinanzierungspotenzial hängt vom Cashflow ab.

Die **Selbstfinanzierung** lässt sich in eine offene und eine verdeckte Selbstfinanzierung aufgliedern. Bei der offenen Selbstfinanzierung werden die Gewinnrücklagen erhöht, d.h. Gewinne, die das Unternehmen erzielt, werden nicht ausgeschüttet, sondern in der Bilanz unter den Gewinnrücklagen ausgewiesen. Die verdeckte Selbstfinanzierung hingegen erfolgt durch die Auflösung von stillen Reserven, die sich durch Bewertungsunterschiede ergeben (beispielsweise bei Grundstücken).

Eine **Außenfinanzierung** ist charakteristisch für Aktiengesellschaften. Die Aktionäre beteiligten sich durch Eigenkapital am Unternehmen. Bei anderen Rechtsformen kann eine Erhöhung des Eigenkapitals durch die Aufnahme neuer Gesellschafter erfolgen.

Aktiengesellschaften sind emissionsfähig. Sie können an die Börse gehen (Initial Public Offering, Going Public), wodurch die Unternehmensanteile über eine Wertpapierbörse gehandelt werden. Die Anleger können so jederzeit wieder aussteigen. Man spricht von Fungibilität.

Bei der **Fremdfinanzierung** verfügen die Kapitalgeber in der Regel über keine Mitspracherechte und sind nicht Eigentümer des Unternehmens. Dafür erhalten sie einen Zins mit einem angemessenen Risikoaufschlag gegenüber dem am Kapitalmarkt erzielbaren Durchschnittszins. Kredite werden nach der Laufzeit gegliedert.

Den Handel mit **Anleihen** (juristisch: Schuldverschreibungen) bezeichnet man als Rentenmarkt. Neben herkömmlichen Unternehmensanleihen (Corporate Bonds) gibt es auch Sonderformen wie Wandelanleihen (Convertible Bonds), die unter bestimmten Bedingungen in Aktien umgewandelt werden können, und Optionsanleihen, die das Recht auf den Kauf einer Aktie zu festgelegten Konditionen verbriefen.

Die Unternehmen erhalten für **kurzfristige Finanzierungen** von ihrer Hausbank eine Art „Dispositionskredit", der als Kontokorrentkredit bezeichnet wird. Beim Lombardkredit gewährt die Bank ein Darlehen auf vorhandene Wertpapiere, die bis zu einem gewissen Grad beliehen werden können.

In der Praxis übliche **Sonderformen** der Finanzierung sind

- das Leasing und
- das Factoring.

Das Leasing ist bei Fahrzeugen durchaus üblich. Auch Gebäude und Produktionsanlagen können geleast werden.

Das **Factoring** ist eine Methode, um Forderungen schneller zu Geld zu machen. Da Großkunden häufig ein großzügiges Zahlungsziel eingeräumt wird, können Unternehmen den Liquiditätsengpass vermeiden, indem sie die Forderung an ein Factoring-Unternehmen veräußern. Sie erhalten dann die ausstehende Summe sofort, müssen aber einen Abschlag akzeptieren. Beim echten Factoring treibt der Dienstleister die Forderung ein, während beim unechten Factoring der frühere Gläubiger weiterhin dafür sorgen muss, dass der Kunde die Rechnung begleicht.

langfristig	kurzfristig	Sonderformen
Darlehen	Leasing	Grundschuld
Factoring	Lieferantenkredit	Wechselkredit
Unternehmensanleihen	Kontokorrentkredit	mezzanines Kapital
Wandelanleihen	Lombardkredit	Optionsanleihen

Lernfrage 2.16

Was versteht man unter Factoring?

- ☐ eine Form der Bilanzanalyse
- ☐ ein Investitionsverfahren
- ☐ den Verkauf von Forderungen
- ☐ eine Sonderform des Leasing
- ☐ die Annuitätenmethode

Zusammenfassung

- Das Rechnungswesen hat in jedem Unternehmen eine zentrale Funktion, denn es erfasst und verarbeitet alle Geld- und Leistungsströme, die aus dem betrieblichen Leistungsprozess resultieren. Es wird zwischen dem externen und dem internen Rechnungswesen unterschieden.
- Das externe Rechnungswesen hat die Aufgabe, gegenüber Dritten Rechenschaft abzulegen, und bildet die wirtschaftliche und finanzielle Situation des Unternehmens ab.
- Externe Adressaten sind neben dem Finanzamt Gläubiger, Anteilseigner (wie Aktionäre), Interessenten und Lieferanten.
- Die rechtliche Grundlage für das betriebliche Rechnungswesen bildet das Handelsgesetzbuch (HGB), das eine umfassende Darstellung der Ertrags-, Finanz- und Vermögenslage des Unternehmens erfordert.
- Das Kernstück des internen Rechnungswesens ist die Kosten- und Leistungsrechnung, die nicht auf gesetzlichen Vorschriften, sondern auf unternehmensinternen Vorgaben beruht.
- Das externe Rechnungswesen geht von tatsächlichen (pagatorischen) Rechnungsgrößen aus, während das interne Rechnungswesen, um die Vergleichbarkeit von Unternehmen zu gewährleisten, auch fiktive, aber plausible (kalkulatorische) Größen einsetzen kann. So gibt es beispielsweise eine kalkulatorische Miete. Um zwei verschiedene Betriebe vergleichen zu können, werden für beide kalkulatorische Mieten angesetzt, auch wenn eines der Unternehmen Eigentümer der Immobilie sein sollte. Durch diese Fiktion können die Belastungen vergleichbar gemacht werden.
- Darüber hinaus sieht das interne Rechnungswesen noch andere imaginäre Größen vor, wie den kalkulatorischen Unternehmerlohn oder kalkulatorische Wagnisse. In der Kosten- und Leistungsrechnung gibt es auch kalkulatorische Abschreibungen, bei denen der Wiederbeschaffungswert zugrunde gelegt werden kann, was im externen Rechnungswesen nicht gestattet ist. Die Kosten- und Leistungsrechnung kann auch Durchschnitts- und Planwerte berücksichtigen (Normal- und Plankostenrechnung). Den Ausschlag gibt die Verwendbarkeit der Daten im Unternehmen. Im externen Rechnungswesen hingegen müssen alle Größen den sehr detaillierten handels- und steuerrechtlichen Vorgaben entsprechen.
- Der Jahresabschluss, der eine Zusammenfassung der erhobenen Daten aus der Finanzbuchführung darstellt, gliedert sich in die Bilanz (Handels- und Steuerbilanz), die Gewinn- und Verlustrechnung (GuV), den Anhang und (bei größeren Unternehmen) dem Lagebericht. Zusätzlich müssen bei Konzernabschlüssen und bei der Rechnungslegung nach dem EU-Standard IFRS weitere Angaben gemacht werden. Hierzu zählen eine Gesamtergebnisrechnung, eine Kapitalflussrechnung und ein Eigenkapitalspiegel. Darüber hinaus können branchenspezifische Besonderheiten zum Tragen kommen. So gibt es spezielle Rechnungslegungsvorschriften beispielsweise für Versicherungen und Banken. Jahresabschlüsse müssen nach dem Publizitätsgesetz veröffentlicht werden (mit Ausnahme der Steuerbilanz). Im Regelfall müssen die Jahres-

abschlüsse beim Handelsregister eingereicht und im Bundesanzeiger publiziert werden. Im Internet werden die Jahresabschlüsse und zusätzliches Zahlenmaterial für Anleger und Investoren auf der Unternehmenswebsite unter der Rubrik „Investor Relations" veröffentlicht. Die Steuerbilanz muss in einem bestimmten einheitlichen Format als so genannte „E-Bilanz" beim zuständigen Finanzamt elektronisch eingereicht werden.

- Die Buchführung ist die wichtigste Grundlage für das betriebliche Rechnungswesen. In Deutschland sind die Grundsätze ordnungsmäßiger Buchführung maßgeblich, die die Rahmenbedingungen und Prinzipien festlegen.
- Neben den gesetzlichen Bestimmungen, die im Handelsgesetzbuch (HGB) verankert sind, gelten auch Regeln, die aus der kaufmännischen Praxis abgeleitet sind.
- Die Buchführung erfordert eine lückenlose, sachlich und zeitlich geordnete Aufzeichnung aller Geschäftsvorfälle anhand von Belegen.
- Bei den Konten wird differenziert zwischen Soll- und Habenkonten. Diese Bezeichnungen sind historisch. Für Anfänger ist es häufig schwierig, Buchungssätze nachzuvollziehen, da sie sich an der umgangssprachlichen Bedeutung von „Haben" und „Soll" orientieren, wie sie in Kontoauszügen verwendet wird.
- Bei Passivkonten werden Zugänge immer im Haben gebucht, während bei Aktivkonten die Buchung eines Zugangs stets im Soll erfolgt. Die Wortbedeutung „Soll" und „Haben" leitet sich geschichtlich aus dem Lieferantenkonto ab.

  Grundsätzlich gibt es eine Zweiteilung zwischen Bestands- und Erfolgskonten. Bestandskonten erfassen beispielsweise die Bestände an Vermögensgegenständen. Hierzu gehören Grundstücke, Anlagen, Maschinen, der Fuhrpark, Patente, die Büro- und Geschäftsausstattung, Vorräte, Girokonten, Forderungen gegenüber Kunden und das Bargeld in der Kasse. Bei diesen aktiven Bestandskonten werden alle Zugänge im Soll gebucht.
- Passive Bestandskonten beziehen sich auf die Verbindlichkeiten eines Unternehmens. Hierzu gehören Lieferantenkredite und Bankdarlehen. Auch das Eigenkapital wird so erfasst. Bei passiven Bestandskonten werden Zugänge grundsätzlich im Haben gebucht.
- Aufwand ist der bewertete Güterverzehr in einer Periode.
- Aufwendungen verringern das Eigenkapital, während Erträge es erhöhen.
- Die mit Abstand wichtigsten Erträge in den meisten Unternehmen sind die Umsatzerlöse, die durch den Verkauf von Produkten oder Dienstleistungen erzielt werden. Erträge werden auf der Habenseite gebucht.
- Bei einer einfachen Buchung sind immer zwei Konten beteiligt – eine Buchung erfolgt im Soll, die andere im Haben. Prägnant wird dies in einem Buchungssatz formuliert, bei dem zuerst die Soll- und dann die Habenbuchung erfolgt. Traditionell werden die beiden Buchungen durch das Wort „an" verknüpft.
- Buchungstechnisch sind mehrere Fälle möglich. Beim Aktivtausch erhöht sich durch die Buchung ein Aktivkonto, während ein anderes um den gleichen Betrag verringert wird. Beim Passivtausch geschieht der Vorgang bei den passiven Konten. Davon zu unterscheiden ist die Aktiv-Passiv-Mehrung, bei der sowohl ein Aktiv- als auch ein Passivkonto den gleichen Betrag erhalten. Dieser

Vorgang wird als Bilanzverlängerung bezeichnet. Bei der Aktiv-Passiv-Minderung wird ein Betrag von einem Aktiv- und Passivkonto abgezogen, wodurch eine Bilanzverkürzung eintritt.

- Der Jahresabschluss fasst die Daten aus der Buchführung zusammen und stellt sie übersichtlich dar. Ein wichtiger Teil des Jahresabschlusses ist die Bilanz.
- Die Bilanz fasst die Vermögensgegenstände, das Eigenkapital und die Verbindlichkeiten eines Unternehmens zusammen. Auf der linken Bilanzseite werden die Aktiva aufgeführt, die alle Vermögensgegenstände enthalten. Diese werden in Anlagevermögen, das langfristig im Unternehmen verbleibt, und Umlaufvermögen, das nur kurz- oder mittelfristig vorhanden ist, untergliedert. Die Aktivseite der Bilanz ist nach ihrer Liquidierbarkeit systematisiert. Vermögensgegenstände, die weiter unten bei den Aktiva aufgelistet sind, lassen sich schneller zu Geld machen.
- Die rechte Seite der Bilanz gibt an, woher das Kapital stammt, und die linke Seite beschreibt, wofür das Kapital verwendet wurde. Da alles Kapital, das dem Unternehmen zufließt, auch wieder eingesetzt wird (Gelder, die übrig sind, werden auf Bankkonten oder in der Kasse verwaltet), sind beide Seiten der Bilanz in ihrer Summe identisch. Man spricht vom Identitätsprinzip der Bilanz. Die einzelnen Bilanzpositionen und deren Rangfolge sind vom Gesetzgeber im Handelsgesetzbuch detailliert festgelegt. Diese Vorschriften gelten aber vor allem für große und mittelgroße Kapitalgesellschaften sowie Personengesellschaften, die eine bestimmte Größe überschreiten. In der Regel verwenden aber auch kleinere Unternehmen und Einzelunternehmen diese Gliederung.
- Ein Inventar muss bereits zu Beginn der Unternehmenstätigkeit aufgestellt werden. Das Inventar umfasst alle vorhandenen Vermögensgegenstände, die im Einzelnen aufgelistet werden müssen, die Forderungen und Verbindlichkeiten sowie eventuell vorhandenes Bargeld.
- Der Jahresabschluss hat eine Rechnungslegungs-, eine Dokumentations-, Informations- und Bemessungsfunktion.
- Die Kosten- und Leistungsrechnung, auch kurz Kostenrechnung genannt, gehört zum internen Rechnungswesen und dient dazu, die Kosten und Erlöse des Unternehmens zu erfassen. Dabei wird differenziert zwischen einer Ist-Kostenrechnung, die von den tatsächlichen Kosten ausgeht, einer Normalkostenrechnung mit Durchschnittswerten und einer Plankostenrechnung.
- Die Kostenrechnung wird in verschiedene Teildisziplinen untergliedert, und zwar in die Kostenarten-, Kostenstellen- und Kostenträgerrechnung.
- Die Finanzwirtschaft besteht aus den Bereichen Investition, Finanzierung und dem Risikomanagement, das in den vergangenen Jahren immer mehr an Bedeutung gewonnen hat.
- Investition bedeutet die Verwendung von Kapital, das in Vermögensgegenstände oder Geldkapital umgewandelt wird.
- Entscheidungen über Investitionen sind für die Unternehmen schwierig, da sie die Ertragslage beeinflussen. Faktoren, die dabei bedacht werden müssen, sind die Kapitalbindung und die für die Investition erforderliche Kapitalintensität sowie die Rentabilität und die voraussichtliche Nutzungsdauer.

Lösungen

Hier finden Sie die richtigen Antworten zu den Lernfragen dieses Kapitels.

Lernfrage 2.1

Was gehört zum externen Rechnungswesen?

- ■ Bilanz
- ■ Finanzbuchführung
- □ Geschäftsbuchführung
- ■ Gewinn- und Verlustrechnung
- ■ IFRS

Lernfrage 2.2

Was sind externe Adressaten des Rechnungswesens?

- ■ Finanzamt
- ■ Gläubiger
- ■ Anteilseigner
- □ Mitarbeiter

Lernfrage 2.3

Was sind Beispiele für Rechnungslegungsstandards?

- ■ HGB-Bilanzierung
- ■ IFRS
- □ IKR
- ■ US-GAAP
- □ GKR

Lernfrage 2.4

Woraus besteht der Jahresabschluss?

- ■ Bilanz
- ■ Gewinn- und Verlustrechnung
- ■ Anhang
- □ IFRS
- ■ Lagebericht

Lernfrage 2.5

Welche Angaben sind nach IFRS zusätzlich erforderlich?

■ Gesamtergebnisrechnung

■ Kapitalflussrechnung

□ Investitionsrechnung

■ Eigenkapitalspiegel

Lernfrage 2.6

Welche Aspekte stellt die Finanzbuchführung dar?

■ Finanzlage

□ konjunkturelle Lage

■ Ertragslage

■ Vermögenslage

□ Wirtschaftslage

Lernfrage 2.7

Was sind Hauptgrundsätze der GoB?

■ Belegprinzip

□ Periodisierungsprinzip

■ Stornierungsprinzip

□ Going-Concern-Prinzip

Lernfrage 2.8

Wie werden Ab- und Zuflüsse beim Gesamtvermögen bezeichnet?

■ Einnahmen

■ Ausgaben

□ Erträge

Lernfrage 2.9

Was ist eine erfolgswirksame Buchung?

□ Aktivmehrung

□ Passivmehrung

■ Aufwand

Lernfrage 2.10

Welche Inventurverfahren gibt es?

■ verlegte Inventur

■ Stichprobeninventur

■ permanente Inventur

□ körperliche Bestandsaufnahme

Lernfrage 2.11

Wie lässt sich die Kostenrechnung untergliedern?

■ Kostenartenrechnung

■ Kostenstellenrechnung

□ Kosten- und Leistungsrechnung

■ Kostenträgerrechnung

Lernfrage 2.12

Was beschreiben die Passiva?

□ die Mittelverwendung

■ die Mittelherkunft

■ Eigen- und Fremdkapital

Lernfrage 2.13

Welche Kalkulationsverfahren gibt es?

□ Zinskalkulation

■ Divisionskalkulation

■ Äquivalenzziffernkalkulation

■ Zuschlagskalkulation

Lernfrage 2.14

Was sind Beispiele für Bereichsinvestitionen?

□ Nettoinvestition

■ Fertigungsinvestition

□ Gründungsinvestition

□ Desinvestition

Lernfrage 2.15

Was ist ein Beispiel für die statische Investitionsrechnung?

☐ Annuitätenmethode

■ Amortisationsrechnung

☐ Kapitalwertmethode

Lernfrage 2.16

Was versteht man unter Factoring?

☐ eine Form der Bilanzanalyse

☐ ein Investitionsverfahren

■ den Verkauf von Forderungen

☐ eine Sonderform des Leasing

☐ die Annuitätenmethode

Notizen

Die wichtigsten Stichwörter:

Das muss ich mir nochmals anschauen:

Prüfungstipps

- Alle Grundbegriffe des Rechnungswesens müssen einwandfrei und vollständig beherrscht werden. Sie kommen in jeder Prüfung wiederholt vor.
- Auch die Finanzwirtschaft hat im Unternehmen einen herausragenden Stellenwert.
- Im Examen sollte man erläutern können, welche Finanzierungsformen für ein neu gegründetes Unternehmen in Frage kommen.

Kapitel 3

Controlling

Lernhinweise zu Kapitel 3

Was erwartet mich in diesem Kapitel?

Das Kapitel befasst sich mit dem Controlling. Vorgestellt werden die verschiedenen Formen des strategischen und des operativen Controlling sowie einzelne spezielle Modelle (Organisations-, Personal-, Projektcontrolling).

Welche Schlagwörter lerne ich kennen?

■ Controlling ■ Koordinationsfunktion ■ Steuerungsfunktion ■ Zielsystem ■ Budgetierung ■ Plan-, Soll-, Ist-Wert ■ Abweichungsanalyse ■ Kennzahlensystem ■ Rentabilität ■ Führungscockpit ■ Vorschaubericht ■ operatives Controlling ■ strategisches Controlling ■ Nachkalkulation ■ Vorkalkulation ■ Fixkostenmanagement ■ Break-even-Analyse ■ Zero-Base-Budgeting ■ BCG-Matrix ■ Gap-Analyse ■ Shareholder Value ■ Stakeholder Value ■ Balanced Scorecard ■ Benchmarking ■ SWOT-Analyse ■ Organisationscontrolling ■ Prozesscontrolling ■ Personalcontrolling ■ Projektcontrolling ■ Meilensteintrendanalyse ■ Enterprise Resource Planning (ERP)

Wofür benötige ich dieses Wissen?

Das Controlling gewinnt angesichts des verschärften weltweiten Wettbewerbs in den Unternehmen immer mehr an Bedeutung. Daher ist entscheidend, die einzelnen Instrumente und Ansätze genau zu kennen.

Grundlagen

Das Controlling beschäftigt sich mit der Steuerung von Unternehmen anhand von qualitativen und quantitativen Kennzahlen. Die Kennzahlen werden interpretiert, ausgewertet und dienen der Koordination von Maßnahmen.

Das Controlling hat die Aufgabe, die Führungskräfte in der Entscheidungsfindung zu unterstützen.

Die Kernaufgaben des Controlling bestehen in der Informations-, Planungs-, Koordinations- und Steuerungsfunktion.

In großen Unternehmen gibt es eigenständige Controlling-Abteilungen. In kleineren und mittelständischen Unternehmen werden Controlling-Aufgaben vom Management oder von einer Stabsstelle wahrgenommen, die nicht selten auf der Ebene der Geschäftsführung angesiedelt ist.

Das Controlling setzt ein Zielsystem voraus, das alle Teilziele des Unternehmens beinhaltet und zusammenfasst. Vom Zielsystem werden die einzelnen Maßnahmen abgeleitet und die erforderlichen Ressourcen zur Zielerreichung ermittelt. Hierzu gehört auch die Berechnung und Erstellung von Budgets.

Ein wichtiger Teilbereich des Controlling ist das **Berichtswesen** und ein entsprechendes Informationssystem, das die Kennzahlen und die Unternehmensentwicklung anschaulich darstellt.

Dabei werden Plan- oder Soll-Werte mit Ist-Werten verglichen.

Gängige Kennzahlen sind beispielsweise

- die Rentabilität (Eigenkapital-, Gesamtkapital-, Umsatzrentabilität),
- der Deckungsbeitrag
- oder Produktivitätskennzahlen, die aus der Finanzbuchführung, betrieblichen Statistik und Kostenrechnung abgeleitet werden.

Das Controlling aggregiert die Einzeldaten zu komplexen Kennzahlen und bettet sie in ein umfassendes Informationssystem ein. Vielschichtige Kennzahlensysteme werden aufbereitet und sollen die optimale Unternehmenssteuerung und -entwicklung ermöglichen. Eine solche Darstellung der gesamten relevanten Kennzahlen wird auch Führungscockpit genannt, da die grafische Visualisierung den Instrumenten in einem Flugzeug ähnelt.

Bei der Planung wird zwischen Plan-, Soll- und Ist-Werten differenziert.

Die **Planwerte** enthalten die ursprünglichen Vorgaben, während **Soll-Werte** eine Revision der Planwerte beinhalten. Die **Ist-Werte** spiegeln den aktuellen

Stand der Kennzahlen wider. Anhand der Soll-Ist-Abweichung (Abweichungsanalyse) wird überlegt, welche Maßnahmen erforderlich sind, um die Lücke zu schließen und die Unternehmensentwicklung zu optimieren.

Darüber hinaus ist es Aufgabe des Controlling, **Prognosen** (Vorschauberichte) zu erstellen, um die Unternehmensentwicklung weiter voranzutreiben.

Das Controlling hat sich als eine eigenständige Teildisziplin der Betriebswirtschaftslehre etabliert. Denn Controllingfunktionen im Unternehmen sind sehr umfassend und dienen neben der Koordination der Prozesse und der Information des Managements auch der gezielten Weiterentwicklung des Unternehmens.

Insofern ist Controlling ein Planungs-, Informations-, Koordinations- und Entwicklungssystem, das alle Führungssubsysteme erfasst.

In der Praxis wird unterschieden zwischen einem langfristig angelegten, strategischen Controlling, das die gesamte Unternehmensentwicklung in den Vordergrund rückt und eine Koordination aller Subsysteme anstrebt, und einem kurz- und mittelfristigen, operativen Controlling.

Lernfrage 3.1

In welche zwei Teilbereiche kann das Controlling gegliedert werden?

- ☐ operatives Controlling
- ☐ projektives Controlling
- ☐ strategisches Controlling

Lernfrage 3.2

Was sind die Kernaufgaben des Controlling?

- ☐ Planung
- ☐ Steuerung
- ☐ Koordination
- ☐ Information

Operatives Controlling

Das operative Controlling bezieht sich auf einen kurz- und mittelfristigen Zeithorizont und legt den Schwerpunkt auf

- die Liquiditätssicherung und
- das Kostenmanagement.

Hierzu dient vor allem die Kostenrechnung, die in der Kostenarten-, Kostenstellen- und Kostenträgerrechnung eine differenzierte Erfassung, Kategorisierung und Analyse der Kosten ermöglicht. Spezielle Ansätze sind die Prozesskostenrechnung, die die Kosten einzelner Unternehmensprozesse differenzierter betrachtet, und die Zielkostenrechnung, die marketingspezifische Aspekte mit einbezieht.

Eine Rolle spielen auch **Kalkulationsverfahren**, wie sie in der Kostenträgerrechnung zur Anwendung kommen. Dabei wird zwischen Vor- und Nachkalkulation unterschieden.

Methoden operatives Controlling		
Kostenmanagement	Abweichungsanalyse	Zero-Base-Budgeting
Prozesskostenrechnung	Target Costing	Break-even-Analyse

Das Controlling hat eine Vielzahl neuer innovativer Instrumente entwickelt, die im operativen Controlling verbreitet sind. Hierzu gehören beispielsweise

- das Fixkostenmanagement,
- die Break-Even-Analyse, die die Gewinnschwelle bestimmt, sowie
- das Zero-Base-Budgeting, bei dem die Budgets so berechnet werden, als ginge es darum, das Unternehmen vollständig neu zu gründen.

Voraussetzung eines wirkungsvollen **Fixkostenmanagements** ist zunächst einmal die Erkenntnis darüber, was Fixkosten überhaupt sind: Unter Fixkosten werden all jene Kosten verstanden, die unabhängig von der Beschäftigung (der Ausbringungsmenge, der Produktionsmenge) anfallen. Voraussetzung ist nicht, dass im Vorfeld die genaue Höhe der Kosten bekannt ist. Die Höhe von Fixkosten kann durchaus abhängig sein von bestimmten Verbrauchskomponenten (z.B. Stromverbrauch im Büro), sie muss aber unabhängig sein von der (marktfähigen) Leistungsmenge. Ziele des Fixkostenmanagements sind die Erhöhung der Fixkostentransparenz sowie die vorteilhafte Gestaltung des Fixkostenblocks

Die **Break-Even-Analyse** untersucht, ab welcher Absatzmenge (verkaufte Stückzahl) das Unternehmen die **Gewinnschwelle** (Break-Even bzw. Break-Even-Point) erreicht. Die Break-Even-Analyse baut dabei auf der Unterscheidung zwischen Fixkosten und variablen Kosten bzw. auf dem Deckungsbeitrag auf. Mit der Break-Even-Analyse lässt sich – neben der Absatzmenge – zudem der Break-Even-Umsatz berechnen sowie ein geplanter Gewinn berücksichtigen.

> Eine Break-Even-Analyse ist regelmäßig Bestandteil eines Business Plans oder eines Projektplans für die Markteinführung eines neuen Produkts.

Kennt man die Absatzmenge, ab der ein Unternehmen oder ein Produkt die Gewinnzone erreicht, kann man meist einschätzen, ob das Projekt realisierbar ist oder ob die Absatzmenge wahrscheinlich nicht erreichbar ist.

Zero-Base-Budgeting ist eine Analyse-, Planungs- und Entscheidungstechnik, die mit dem Ziel angewendet wird, die der Unternehmung zur Verfügung stehenden operativen und strategischen Ressourcen wirtschaftlich einzusetzen und damit Kosten zu senken. Zero Base Budgeting ist ein Verfahren der Budgetierung, das prinzipiell die Basis der Zahlen bisheriger Budgets in Frage stellt und auf ihre Rechtfertigung untersucht.

Der Zweck des Zero Base Budgeting: Die Immobilität der Budgetzahlen, also ihr dauerndes Orientieren an Vorjahreszahlen mit meist lediglich marginalen Anpassungen nach oben oder unten, soll überwunden werden.

Jede Leistung, vor allem die der Gemeinkostenstelle, ist auf ihre Notwendigkeit zu überprüfen. Z.B. muss sich das Rechnungswesen immer wieder fragen lassen, was für Daten produziert werden, ob sie in diesem Umfang überhaupt benötigt werden und was sie kosten.

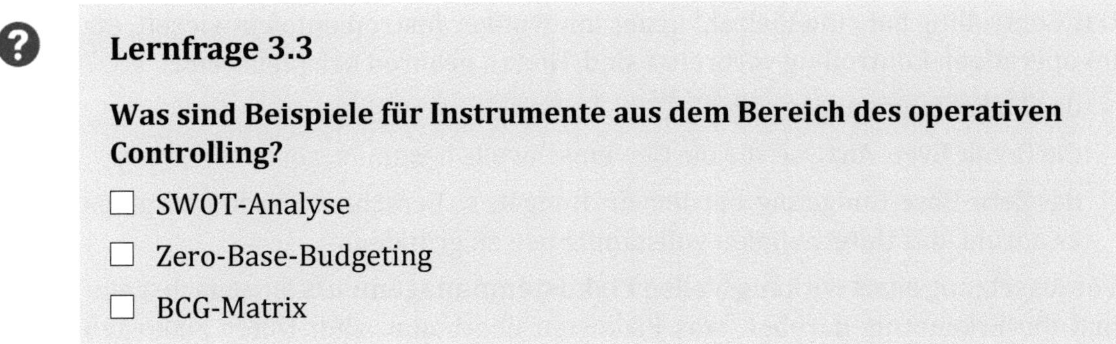

Lernfrage 3.3

Was sind Beispiele für Instrumente aus dem Bereich des operativen Controlling?

- ☐ SWOT-Analyse
- ☐ Zero-Base-Budgeting
- ☐ BCG-Matrix

Strategisches Controlling

Das strategische Controlling fokussiert sich auf die langfristigen Erfolgsaussichten eines Unternehmens. Ein wichtiges grundlegendes Instrument ist die Bilanzanalyse, die eine Vielzahl unterschiedlicher Kennzahlen berücksichtigt.

Darüber hinaus verfügt das strategische Controlling über eigene methodische Ansätze wie die **BCG-Matrix** (BCG = Boston Consulting Group), bei dem ein Unternehmen in ein System von vier Quadranten eingeordnet wird, oder die Gap-Analyse, die die Divergenz von Soll- und Ist-Werten betrachtet. Weitere Konzeptionen in diesem Bereich sind der Shareholder Value und der Stakeholder Value.

Strategisches Controlling		
BCG-Matrix	SWOT-Analyse	Gap-Analyse
Benchmarking	Shareholder Value	Stakeholder Value
Balanced Scorecard	Wissensbilanz	Umfeldanalyse

Modelle, die auch das Systemumfeld des Unternehmens mit einbeziehen, sind die Balanced Scorecard (ein Kennzahlensystem), das Benchmarking, das das

Wettbewerbsumfeld näher beleuchtet, und die **SWOT-Analyse**, die die Stärken und Schwächen näher betrachtet.

Unter **Benchmarking** wird ein kontinuierlicher Prozess verstanden, bei dem Produkte und Dienstleistungen (ferner alle möglichen Objekte), der eigenen Unternehmung mit denen des stärksten Mitbewerbers, gemessen und miteinander verglichen werden. Insbesondere wird dieser Prozess mit weltweit führenden Unternehmen durchgeführt.

Die **Gap-Analyse** ist ein Management-Instrument zur Früherkennung von Schwachstellen. Mit ihrer Hilfe lässt sich feststellen, ob sich die geplanten Unternehmensziele erreichen lassen, wenn das heutige Handeln auf die Zukunft übertragen wird. Identifizierte Lücken bzw. Abweichungen zwischen Zielgrößen und in die Zukunft fortgeschriebenen Ist-Werten sind Ansatzpunkte für die Verbesserung des aktuellen operativen Geschäftes und für die strategische Ursachenanalyse im Hinblick auf die Erarbeitung von Alternativen zur Schließung der Lücke.

Die **Balanced Scorecard** ist ein Verbindungsglied zwischen Strategiefindung und -umsetzung. In ihrem Konzept werden die traditionellen finanziellen Kennzahlen durch eine Kunden-, eine interne Prozess- und eine Lern- und Entwicklungsperspektive ergänzt

Eine **Wissensbilanz** weist in strukturierter Form das Vermögen eines Unternehmens aus, das nicht direkt greifbar, aber entscheidend für den wirtschaftlichen Erfolg in der Zukunft ist, das so genannte intellektuelle Kapital.

Die **Umfeldanalyse** wird oftmals auch als Umweltanalyse bezeichnet. Sie ist der Teil der Analyse der strategischen Situation im Rahmen der strategischen Planung, der sich mit der Untersuchung der für das Unternehmen bedeutsamen Aspekte des Umfelds erfasst. Als zu analysierende Bereiche des Umfelds sind zu nennen: Absatzmärkte (Konkurrenzsituation, Kundenstruktur), Beschaffungsmärkte (Anbietermacht auf Rohstoffmärkten, Kapitalmarkt, Arbeitsmarkt, Investitionsgütermarkt, Gefahr von Substitutionen), wirtschaftliche Rahmenbedingungen (Entwicklung der Wirtschaftsstruktur und -konjunktur), rechtliche Rahmenbedingungen (geltende und zu erwartende Rechtsordnungen) sowie gesellschaftliche Rahmenbedingungen (Wertewandel, Umweltbewusstsein).

Lernfrage 3.4

Was sind Beispiele für Instrumente aus dem Bereich des strategischen Controlling?

- ☐ Abweichungsanalyse
- ☐ Prozesskostenrechnung
- ☐ Target Costing
- ☐ BCG Matrix
- ☐ Stakeholder Value
- ☐ Wissensbilanz

Spezielle Formen des Controlling

Eine spezielle Form des Controlling stellt das **Organisationscontrolling** dar, bei dem die einzelnen Unternehmensprozesse einem Controlling unterzogen werden. Dabei differenziert man zwischen dem Prozesscontrolling, das einzelne Prozesse anhand von Kennzahlen bewertet (wie beispielsweise in der Prozesskostenrechnung), und dem Aufbaucontrolling, das die Struktur des Unternehmens analysiert.

Zunehmende Bedeutung gewinnt das **Personalcontrolling**, das mit Hilfe von Kennzahlen aus der Personalstatistik die Produktivität von Mitarbeitern bestimmt. Im personalwirtschaftlichen Bereich spielen neben quantitativen Kennzahlen auch qualitative Daten (wie die Mitarbeiterzufriedenheit, Betriebsklima) eine maßgebliche Rolle.

Das Personalcontrolling trägt dazu, Maßnahmen im personalwirtschaftlichen Bereich besser zu bewerten und Prognosen zu erstellen. Auch Personalentwicklungsmaßnahmen werden, um die Effizienz und Effektivität zu erhöhen, einem Controlling unterzogen.

Ein weiteres wichtiges Gebiet ist das Projektcontrolling, da immer mehr Unternehmen dazu übergehen, Unternehmenstätigkeiten in Projekten zu organisieren. Einige Unternehmen verstehen sich sogar als Gesamtheit ihrer Projekte. Das **Projektmanagement** ist deshalb eine große Herausforderung für Mitarbeiter und Führungskräfte.

Das **Projektcontrolling** hat die Aufgabe, durch einen Soll-Ist-Vergleich Abweichungen von den Plan- und Sollzielen (Projektziele, -dauer, -fortschritt und -kosten) zu erfassen und durch verschiedene Maßnahmen zu korrigieren.

Der Realisierungsgrad und die Fortschritte werden von der Meilensteintrendanalyse dokumentiert. Dabei werden die Projektfortschritte auf Tagesbasis erfasst und die Uhrzeit festgehalten, bei der ein bestimmtes Projektziel erreicht wurde.

Zur Optimierung von Projekten dient spezielle Software, die ein umfassendes Projektmanagement und -controlling ermöglicht. Teilweise ist diese Software als Modul in eine Unternehmenssoftware (Enterprise Resource Planning) integriert.

Die Software erfüllt verschiedene Funktionen:

- Erstellung des Projektplans
- Definition der Projektziele
- Projektübersicht
- Projektkalkulation, -nachkalkulation und Budgetüberwachung
- Projektmanagement
- Messung der Projektfortschritte und der Zielerreichung

Lernfrage 3.5

Welche Aspekte werden beim Projektcontrolling erfasst?

- ☐ Projektziele
- ☐ Projektdauer
- ☐ Projektumfang
- ☐ Projektfortschritt

Zusammenfassung

- Das Controlling beschäftigt sich mit der Steuerung von Unternehmen anhand von qualitativen und quantitativen Kennzahlen. Die Kennzahlen werden interpretiert, ausgewertet und dienen der Koordination von Maßnahmen. Das Controlling hat außerdem die Aufgabe, die Führungskräfte in der Entscheidungsfindung zu unterstützen.
- Die Kernaufgaben des Controlling bestehen in der Informations-, Planungs-, Koordinations- und Steuerungsfunktion. In großen Unternehmen gibt es eigenständige Controlling-Abteilungen. In kleineren und mittelständischen Unternehmen werden Controlling-Aufgaben vom Management oder von Stabsstellen wahrgenommen.
- Das Controlling setzt ein Zielsystem voraus, das alle Teilziele des Unternehmens beinhaltet und zusammenfasst. Vom Zielsystem werden die einzelnen Maßnahmen abgeleitet und die erforderlichen Ressourcen zur Zielerreichung ermittelt. Hierzu gehört auch die Berechnung und Erstellung von Budgets.
- Ein wichtiger Teilbereich des Controlling ist das Berichtswesen und ein entsprechendes Informationssystem, das die Kennzahlen und die Unternehmensentwicklung anschaulich darstellt.
- Dabei werden Plan- oder Soll-Werte mit Ist-Werten verglichen. Gängige Kennzahlen sind beispielsweise die Rentabilität (Eigenkapital-, Gesamtkapital-, Umsatzrentabilität), der Deckungsbeitrag oder Produktivitätskennzahlen, die aus der Finanzbuchführung und der Kostenrechnung abgeleitet werden.

Lösungen

Hier finden Sie die richtigen Antworten zu den Lernfragen dieses Kapitels.

Lernfrage 3.1

In welche zwei Teilbereiche kann das Controlling gegliedert werden?

■ operatives Controlling
☐ projektives Controlling
■ strategisches Controlling

Lernfrage 3.2

Was sind die Kernaufgaben des Controlling?

■ Planung
■ Steuerung
■ Koordination
■ Information

Lernfrage 3.3

Was sind Beispiele für Instrumente aus dem Bereich des operativen Controlling?

■ SWOT-Analyse
■ Zero-Base-Budgeting
☐ BCG-Matrix

Lernfrage 3.4

Was sind Beispiele für Instrumente aus dem Bereich des strategischen Controlling?

☐ Abweichungsanalyse
☐ Prozesskostenrechnung
☐ Target Costing
■ BCG Matrix
■ Stakeholder Value
■ Wissensbilanz

Lernfrage 3.5

Welche Aspekte werden beim Projektcontrolling erfasst?

■ Projektziele
■ Projektdauer
☐ Projektumfang
■ Projektfortschritt

Notizen

Die wichtigsten Stichwörter:

Das muss ich mir nochmals anschauen:

Prüfungstipps

- In Prüfungen werden häufig die einzelnen Konzeptionen im Detail abgefragt. Hierzu gehören vor allem die Balanced Scorecard, die SWOT-Analyse und einzelne Instrumente aus der Kostenrechnung.
- Sie sollten in der Lage sein, Controllinginstrumente auf ein konkretes Fallbeispiel (aus dem Projektmanagement) anwenden zu können.

Kapitel 4

Personalwirtschaft

Lernhinweise zu Kapitel 4

Was erwartet mich in diesem Kapitel?

Dieses Kapitel befasst sich mit allen Aspekten der Personalwirtschaft. Hierzu gehören neben der Personalplanung die Personalverwaltung, die Personalentwicklung und das Personalmarketing sowie das Personalcontrolling.

Welche Schlagwörter lerne ich kennen?

■ Personalwirtschaft ■ Personalmanagement ■ Personal ■ Personalabteilung ■ Personalwirtschaftslehre ■ Personalpolitik ■ Personalmarketing ■ Human Resource Management ■ Motivation ■ Employer Branding ■ Personalplanung ■ Personalbeschaffung ■ Job Enlargement ■ Job Enrichment ■ Job Rotation ■ teilautonome Arbeitsgruppe ■ Arbeitszeitorganisation ■ Arbeitszeitflexibilisierung ■ Work-Life-Balance ■ Führungsstil ■ Management by Objectives ■ Management by Exception ■ Coaching ■ Webinar ■ Training ■ Teamentwicklung ■ Personalentwicklung ■ Organisationsentwicklung ■ Supervision ■ Personalbeurteilung ■ Personalvergütung ■ Assessmentcenter ■ Personalverwaltung ■ Workflow-Management ■ Personalfreisetzung ■ Outplacement

Wofür benötige ich dieses Wissen?

Die Personalwirtschaft ist eine wichtige Funktion, die über die Wettbewerbs- und Innovationsfähigkeit eines Unternehmens entscheidet.

Ohne ein Personal, das über die erforderlichen Qualifikationen verfügt, kann ein Unternehmen die Position auf den Weltmärkten nicht halten und die Wettbewerbsfähigkeit langfristig nicht gewährleisten. Daher hat die Personalwirtschaft einen primären und kaum zu überschätzenden Stellenwert für die Effizienz, die Effektivität und die Produktivität eines Unternehmens.

Das Personal

Das Personal ist aus betriebswirtschaftlicher Perspektive ein dispositiver Produktionsfaktor. Durch die Arbeit von Menschen wird es erst möglich, Dienstleistungen bereitzustellen und Produkte anzufertigen.

Die **Personalwirtschaftslehre** ist eine Teildisziplin der Betriebswirtschaftslehre, die in verschiedene Einzelbereiche aufgefächert werden kann.

Hierzu gehören beispielsweise

- das Personalcontrolling,
- die Personalpolitik,
- die Personalentwicklung,
- die Personalverwaltung

und andere Teildisziplinen.

Eine wichtige Bedeutung in der Personalwirtschaft hat der Ansatz des Personalmarketings, der sich auf die Personalbeschaffung und auf die Positionierung des Unternehmens am Arbeitsmarkt bezieht.

In den USA hat sich der Begriff „**Human Resource Management**" eingebürgert, der das gesamte Spektrum personalwirtschaftlicher Tätigkeiten und Funktionsbereiche abdeckt.

Die Personalabteilung

Die Personalabteilung wird von der Personalleitung geführt und erfüllt eine Vielzahl von personalwirtschaftlichen Funktionen, die von der Entgeltabrechnung über die Personalentwicklung und das Controlling bis hin zur Personalverwaltung reichen.

Die **Organisation der Personalabteilung** gestaltet sich in Abhängigkeit von der Betriebsgröße und der Unternehmenspolitik. Große Unternehmen haben häufig Abteilungen für Personalentwicklung und Personalcontrolling, die in kleineren Unternehmen nur in Ausnahmefällen vorhanden sind.

Umfangreiche Routineaufgaben wie die Personalverwaltung werden von Personalreferenten wahrgenommen. In großen Unternehmen herrscht ein höheres Maß an Spezialisierung vor, wobei auch Experten für Einzelgebiete zum Einsatz gelangen.

In größeren Unternehmen werden Fachgebiete wie die Arbeitssicherheit, die Personal- und Teamentwicklung, das Personalcontrolling oder -marketing von eigenen Abteilungen organisiert, die über die entsprechende Expertise verfügen. In Konzernen ist es darüber hinaus üblich, die Personalabteilung hinsichtlich einiger Funktionen zu dezentralisieren und nach Sparten zu organisieren. Die Hauptfunktion der Personalabteilung besteht darin, das Personal effektiv und effizient einzusetzen und für zukünftige Herausforderungen weiter zu qualifizieren.

Personalabteilungen berücksichtigen zusätzlich die durch den Personaleinsatz erreichbare Wertschöpfung und verschiedene Aspekte des Qualitätsmanagements.

Motivation und Personalarbeit

Ein in der Fachliteratur häufig genanntes Modell für die Motivation ist der aus der humanistischen Psychologie stammende Ansatz von Maslow.

Die **Bedürfnispyramide von Abraham Maslow** untergliedert sich in verschiedene Bedürfnisse, Defizite und Wachstumsbedürfnisse. Sie ist stufenartig unterteilt und stellt die Selbstverwirklichung in den Mittelpunkt menschlichen Strebens.

Bei den Bedürfnissen unterscheidet Maslow zwischen jenen, die bereits elementar befriedigt sein müssen, um die Selbstverwirklichung als höchstes Ziel der menschlichen Existenz zu erreichen, und jenen, die auf einer höheren Ebene angesiedelt sind, aber auch als eine unabdingbare Voraussetzung für die höchste Entwicklung des Menschen fungieren.

Es werden die folgenden Bedürfnisse unterschieden:

- Die elementaren physiologischen Grundbedürfnisse wie beispielsweise Essen und Trinken und die Sicherheitsbedürfnisse, die sich auf materielle Gesichtspunkte beziehen oder die Sicherheit im Alltag.
- Daran schließen sich die sozialen Bedürfnisse an, die die Integration von Menschen in die Gesellschaft beschreiben und das Gefühl der sozialen Anerkennung sowie die Fähigkeit, mit anderen Menschen zu kommunizieren und geachtet zu werden.
- Auf einer noch höheren Ebene sind der soziale Status und die Aufstiegsmöglichkeiten angesiedelt.
- Den Höhepunkt bildet die Chance, die individuellen Werte und Bedürfnisse im Leben umsetzen zu können und das eigene Potenzial zu verwirklichen. Diese Selbstverwirklichungsbedürfnisse bilden den Gipfel der Pyramide.

Neben diesem weit verbreiteten und häufig diskutierten Motivationsmodell gibt es noch andere Ansätze wie das **Zwei-Faktoren-Modell** oder die **XY-Theorie** von McGregor.

Die Personalpolitik

Die Personalpolitik ist von der Unternehmenspolitik abhängig, die die Werte des Unternehmens bestimmt. Die Personalpolitik orientiert sich an der Unternehmenspolitik und leitet davon bestimmte Ziele ab, die speziell für den personalwirtschaftlichen Bereich gelten.

Die **Grundsätze der Personalpolitik** können sich auf Einzelaspekte wie Aufstiegsmöglichkeiten beziehen, das Gender Mainstreaming oder die Mitbestimmung und einzelne Prinzipien der Führung tangieren.

Darüber hinaus legt die Personalpolitik allgemeine Maximen fest, die beispielsweise die Zusammenarbeit betreffen oder die betriebliche Altersversorgung konkretisieren.

In einem **Phasenmodell** können verschiedene Verfahrensabschnitte in der Personalpolitik unterschieden werden.

Planung der Ziele der Personalpolitik	
(1) Strategische Analyse der Ziele	
(2) Strategieentwicklung einzelne Bereiche	
Vergütung	Personalbeschaffung
Personaleinsatz	Personalentwicklung
Nachwuchskräfte	Führungskräfte
(3) Strategieimplementierung	
(4) Strategiekontrolle	

Bei der (1) **strategischen Zielplanung** kommt es darauf an, die grundlegenden Ziele der Personalpolitik zu konkretisieren und explizit festzuhalten. Diese Ziele werden von den bereits definierten Zielen der Unternehmenspolitik abgeleitet. Nachdem die strategische Zielformulierung abgeschlossen ist, erfolgt die strategische Analyse, die die langfristige Entwicklung der Personalpolitik skizziert.

Daran schließt sich die (2) **Strategieentwicklung** an, die auf einzelne Felder der Personalpolitik (Vergütung, Beschaffung, Sozialwesen, Nachwuchsförderung, Führungskräfteentwicklung u.a.) heruntergebrochen und detailliert ausgearbeitet wird. Schließlich beginnt die (3) **Strategieimplementierung**, d.h. die Umsetzung in der betrieblichen Praxis. Den Abschluss dieses Zyklus bildet die Kontrolle der (4) **Strategierealisierung**.

Das Personalmarketing

Personalmarketing ist ein Modell, das die Marketingperspektive auf den personalwirtschaftlichen Bereich ausdehnt. Beim Personalmarketing kommt es darauf an, das Unternehmen so auf den Beschaffungsmärkten für Personal zu positionieren, dass die Rekrutierung von neuen Mitarbeitern ohne Probleme und zu optimalen Kosten gelingt.

Für diese optimale Positionierung auf den Beschaffungsmärkten für Personal spielen eine Vielzahl unterschiedlicher Einflussfaktoren eine Rolle wie das Ansehen des Unternehmens (Employer Branding) und der jeweiligen Branche, die Bekanntheit in der Öffentlichkeit, die unternehmensinternen Aufstiegsmöglichkeiten und das wirtschaftliche Potenzial des jeweiligen Unternehmens und der Branche.

Personalmarketing	
intern	**extern**
betriebliche Sozialleistungen	Employer Branding
betriebliche Altersversorgung	Hochschulrecruiting
Bonussystem	Absolventenmessen
Tantiemen	Öffentlichkeitsarbeit
Personalentwicklung	Bewerbertage
Gewinnbeteiligung	Praktika

Es wird differenziert zwischen einem internen und einem externen Personalmarketing.

- Das **interne Personalmarketing** konzentriert sich auf eine Personalförderung, die sich durch eine hohe Qualität auszeichnet, ein attraktives Vergütungssystem und umfangreiche betriebliche Sozialleistungen sowie eine vorbildliche betriebliche Altersversorgung.
- Das **externe Personalmarketing** umfasst alle aktiven Maßnahmen zur Beeinflussung des Arbeitsmarktes wie beispielsweise das Angebot von Praktika, die Teilnahme an spezifischen Absolventenmessen oder die intensive Kooperation mit Hochschulen.

?

Lernfrage 4.1

Was bedeutet Personalmarketing?

☐ Vermarktung von Waren

☐ Positionierung auf dem Arbeitsmarkt

☐ Employer Branding

Lernfrage 4.2

Was sind Aufgaben der Personalabteilung?

- ☐ Personalverwaltung
- ☐ Personalcontrolling
- ☐ Personalbeschaffung

Lernfrage 4.3

Welche Motivationsmodelle gibt es?

- ☐ Maslows Bedürfnispyramide
- ☐ XY-Theorie
- ☐ ABC-Analyse
- ☐ Zwei-Faktoren-Theorie

Lernfrage 4.4

Was sind Beispiele für externes Personalmarketing?

- ☐ Bewerbertage
- ☐ Praktika
- ☐ Personalentwicklung

Die Personalplanung

Die Personalplanung wird in eine kurz-, mittel- und langfristige Personalplanung untergliedert.

Ziel und Zweck der Personalplanung ist es, stets das für die Erledigung der betrieblichen Aufgaben erforderliche Personal bereitzustellen. Darüber hinaus soll die Personalplanung entscheidend dazu beitragen, die Personalkosten zu senken und die Rentabilität des Unternehmens zu erhöhen. Die **Personalbeschaffung** muss sowohl in quantitativer als auch in qualitativer Hinsicht optimal sein.

Neben der Personalbeschaffung spielt die **Personaleinsatzplanung** und die optimale Nutzung des Arbeitskräftepotenzials eine ausschlaggebende Rolle. Dies schließt eine differenzierte Karriere- und Besetzungsplanung mit ein. Die Personaleinsatzplanung hat im Unternehmen eine primäre Bedeutung, da es sonst zu Engpässen kommt.

Bei neu eingestellten Mitarbeitern kann eine systematische Organisation erheblich dazu beitragen, die Akklimatisierungsphase zu verkürzen und die Eingewöhnung zu beschleunigen. Viele Unternehmen setzen auf spezielle Ansprechpartner, die die neuen Mitarbeiter mit den einzelnen Abteilungen vertraut machen.

So räumt das **Betriebsverfassungsgesetz** dem Betriebsrat verschiedene Rechte ein, die bei der Personalplanung unbedingt berücksichtigt werden müssen. Zu diesen Rechten gehören beispielsweise ein Informationsrecht, das beim künftigen Personalbedarf und bei der entsprechenden Planung berücksichtigt werden muss.

Personalplanung	
personenbezogen	**unternehmensbezogen**
Karriereplanung	Personalbestandsplanung
Laufbahnplanung	Personalbedarfsplanung
individuelle Personalentwicklungsplanung	Personaleinsatzplanung
Einsatzplanung	Personalentwicklungsplanung
Besetzungsplanung	Personalkostenplanung
Förderplanung	Personalfreistellungsplanung

Daher müssen **Stellenbesetzungspläne** zwingend dem Betriebsrat rechtzeitig vorgelegt werden. Darüber hinaus hat der Betriebsrat auch ein Beratungsrecht, wenn zusätzliche Maßnahmen eingeleitet werden, die die Personalplanung betreffen. Des weiteren gibt es ein Vorschlagsrecht, das bei der Durchführung einer Personalplanung zur Geltung kommt.

Hinsichtlich der Organisation wird differenziert zwischen einer **dezentralen Personalplanung** und einer **zentralen Personalplanung**, die unmittelbar von der Personalabteilung ausgeht. Bei der zentralen Personalplanung fokussieren sich die gesamten organisatorischen Aufgaben auf eine bestimmte Abteilung. Bei beiden Arten der Personalplanung wird differenziert und systematisiert zwischen einer gegenstandsbezogenen, einer umfangbezogenen, einer fristbezogenen und einer inhaltsbezogenen Personalplanung.

Bei der **gegenstandsbezogenen Personalplanung** geht man von einem Personalbestand aus, der nach verschiedenen quantitativen und qualitativen Kriterien bewertet wird, um eine zuverlässige und zielgenaue Prognose für die Zukunft vornehmen zu können.

Bei der eigentlichen Personalbedarfsplanung werden unterschiedliche Verfahren eingesetzt, die es ermöglichen, den erforderlichen Personalbedarf genauer einzugrenzen. Hierbei spielt als weiterer Aspekt die Personaleinsatzplanung eine primäre und ausschlaggebende Rolle. Bei der Personalbeschaffung muss zusätzlich berücksichtigt werden, ob eine interne oder externe Personalbeschaffung vorgenommen wird.

Ein weiterer wichtiger Gesichtspunkt ist die **Personalfreistellungsplanung**, die sich ebenfalls am zukünftigen Personalbedarf orientiert. Darüber hinaus wird die Personalentwicklung in die Personalplanung mit einbezogen, denn es ist unabdingbar, langfristig die Ausbildung, die Fortbildung und die Umschulung der Arbeitnehmer sorgfältig und gewissenhaft zu planen, um eine umfassende Förderung der Beschäftigten zu ermöglichen. Den abschließenden Aspekt in der gesamten Personalplanung bildet selbstverständlich die Personalkostenplanung, die sich an den Vorgaben des Controlling orientiert.

Die Personalplanung, die die Aufgaben der Personalwirtschaft umfasst und bei der Zieldefinition eine maßgebliche Rolle spielt, kann in mehrere Unterbereiche aufgeschlüsselt werden. Hierzu gehört die Personalbestandsplanung, die die Grundlage für jede Personalplanung bildet. Es wird der aktuelle Personalstand mit dem erforderlichen zukünftigen Personalstand verglichen. Hieraus resultiert eine Personalbedarfsplanung, die verschiedene Methoden einsetzt, um den zukünftigen Bedarf angemessen zu eruieren.

Phasen der Zielentwicklung	
Phase 1	Zielsuche
Phase 2	Zielfindung
Phase 3	Zielentscheidung
Phase 4	Zielkonkretisierung und -operationalisierung
Phase 5	Zielimplementierung
Phase 6	Zielkontrolle

Daran schließt sich die **Personaleinsatzplanung** an, die vorgibt, welchen Personalbestand ein Unternehmen für zukünftige Aufgaben benötigt. Die Personalbeschaffungsplanung klärt, welche Maßnahmen erforderlich sind, um das benötigte Personal zu beschaffen.

Sollte ein Unternehmen zu viel Personal beschäftigt haben, erfolgt eine Freisetzung, die sich auf unterschiedliche sozialverträgliche Maßnahmen stützen kann. Darüber hinaus ist es von großer Bedeutung für die Wettbewerbsfähigkeit des Unternehmens, die Personalentwicklung voranzutreiben und geeignete Maßnahmen zu ergreifen, um die Ausbildung, Fortbildung, Umschulung und Förderung des Personals zu gewährleisten.

Ein wichtiger weiterer Aspekt besteht in der **Personalkostenplanung**, die vor allem in der Kosten- und Leistungsrechnung, also dem internen Rechnungswesen, realisiert wird.

Dabei werden die einzelnen Kosten aufgeschlüsselt in Kostenarten und in einzelne Kostenstellen. Zusätzlich können Kostenträger berücksichtigt werden, die die Personalkosten tragen. Dies sind Produkte oder Dienstleistungen, die das

Unternehmen am Markt anbietet. Die Personalplanung ist eingebunden in die langfristige Unternehmensstrategie und die sich daraus ergebende Zielrichtung des Unternehmens.

Die Arbeitsorganisation

In der Fertigung gibt es verschiedene Formen der Arbeitsorganisation, die es ermöglichen sollen, die Kompetenzen und Qualifikationen zu erweitern und die Arbeitsproduktivität zu steigern.

- Beim **Job Enlargement** erfolgt eine Aufgabenerweiterung durch verschiedene Projekte und zusätzliche Anforderungen. Die Leistungsfähigkeit des Mitarbeiters muss dabei primär berücksichtigt werden, es geht aber auch darum, Arbeitsinhalte zu verbessern und das Aufgabenspektrum deutlich zu erweitern, so dass der einzelne Mitarbeiter eine abwechslungsreiche Tätigkeit erhält, die ihn herausfordert. Die Arbeitsqualität und das Aufgabenspektrum werden dadurch deutlich optimiert.
- Eine weitere Möglichkeit, den Personaleinsatz systematisch zu verbessern, besteht in der **Job Rotation**. Job Rotation stellt einen systematischen Wechsel des Arbeitsplatzes dar, bei dem der einzelne Arbeitnehmer zusätzliche Aufgaben erhält, die ihn herausfordern und besonders hohe Ansprüche an seine Qualifikation stellen.

> Die Job Rotation hat sich in der Vergangenheit in der Praxis sehr bewährt, denn sie trägt dazu bei, dass das Interesse am Arbeitsplatz und an den einzelnen Anforderungen deutlich steigt. Um Job Rotation im Unternehmen implementieren zu können, ist es erforderlich, die Unternehmensstruktur und die Ablauforganisationen weitgehend transparent zu gestalten, so dass Job Rotation in allen Bereichen möglich ist.

Neben der Job Rotation gibt es noch andere Formen des systematischen Personaleinsatzes, die die Arbeitsaufgaben erweitern oder erhöhen. Hierzu gehört der Ansatz des Job Enrichments, bei dem höherwertige Arbeitsaufgaben an den einzelnen Mitarbeiter delegiert werden.

Das **Job Enrichment** ist eine Bereicherung des Aufgabenspektrums eines Arbeitsplatzes durch zusätzliche, anspruchsvolle Aufgaben mit dem Ziel der Höherqualifizierung. Durch diese Herausforderung hat der Einzelne die Chance, seine Qualifikationen, Kenntnisse und Fähigkeiten weiter zu verbessern und gezielt in der Praxis einzusetzen.

Problematisch wird das Job Enrichment in der Praxis, wenn die einzelnen Mitarbeiter durch die Aufgabenstellung überfordert werden oder nur eine unzulängliche Hilfestellung durch Kollegen oder die Vorgesetzten erhalten. Daher muss das Job Enrichment innerhalb der Unternehmensorganisation sorgfältig und umsichtig geplant werden, um keine Reibungsverluste bei der täglichen Aufgabenerledigung entstehen zu lassen.

Ein weiterer Ansatz, der die Arbeitsorganisation optimieren kann, sind die teilautonomen Arbeitsgruppen. Eine teilautonome Arbeitsgruppe befasst sich mit verschiedenen organisatorischen Fragen und der Planung von wichtigen Aufgaben wie beispielsweise der Schichteinteilung, der Urlaubsregelung und der Ausgestaltung des Prämiensystems.

Die Organisation der Arbeitszeit

Die Arbeitszeitorganisation lässt sich in herkömmliche Formen der Arbeitszeitorganisation, in moderne Zeitflexibilisierungssysteme und komplexe Systeme untergliedern, die eine Gleitzeitregelung umfassen.

Bei der Mehrarbeit wird zwischen Überstunden und Sonn- sowie Feiertagsarbeit differenziert. In der Produktion ist die Schichtarbeit bisweilen unerlässlich. Schichtarbeit tritt auch in sozialen Einrichtungen auf (wie Krankenhäusern, Rettungsdiensten, Pflegediensten) und öffentlichen Einrichtungen (Polizei, Feuerwehr). Nachtzeit definiert das Arbeitszeitgesetz, wenn zwischen 23 und 6 Uhr gearbeitet wird. Schichtmodelle können aus zwei oder drei Schichten bestehen.

Arbeitszeitmodelle Teilzeitarbeit	
Jahresarbeitszeit	Bewerbertage
Sabbatical	Telearbeit
Modulare Arbeitszeit	Job Sharing
Gleitzeit	Vertrauensarbeitszeit
Arbeit auf Abruf	Arbeitszeitkonten

Die Arbeitszeitflexibilisierung findet sich in der Praxis in verschiedenen Ausprägungen wie Teilzeitarbeit, gleitender Arbeitszeit, kapazitätsorientierter variabler Arbeitszeit, Jahresarbeitszeit und Vertrauensarbeitszeit. Besonders schnell hat sich in vielen Unternehmen die gleitende Arbeitszeit etabliert.

Bei der gleitenden Arbeitszeit wird häufig eine **Rahmenarbeitszeit** vereinbart, die den frühesten Arbeitsbeginn und das späteste Arbeitsende festlegt. Darüber hinaus gibt es in vielen Betrieben eine Kernarbeitszeit, bei der Anwesenheitspflicht besteht. Gleitzeitmodelle werden häufig mit einem Arbeitszeitkonto kombiniert, so dass Mitarbeiter ein Zeitguthaben erwerben können.

Inspiriert werden solche Ansätze häufig von der Idee der Work-Life-Balance, die einen Ausgleich zwischen Arbeit und Freizeit anstrebt und so die Lebensqualität erhöht.

Lernfrage 4.5

Welche Qualifikationsmaßnahmen sind am Arbeitsplatz möglich?

☐ Job Enrichment

☐ Job Rotation

- ☐ Training off the job
- ☐ Job Enlargement
- ☐ Webinar

Lernfrage 4.6

Was sind Beispiele für Arbeitszeitmodelle?

- ☐ Sabbatical
- ☐ Job Sharing
- ☐ Car Sharing

Die Personalführung und das Management

Der Erfolg der Personalführung wird determiniert von Faktoren wie den Führungsmitteln, den Führungstilen und dem jeweiligen Führungsansatz.

Bei den Modellen differenziert man zwischen Top-Down-Modellen, die aus den obersten Zielen verschiedene Unterziele deduzieren, und Bottom-Up-Modellen, bei denen von unten nach oben sich Führungsziele herauskristallisieren.

Sehr bekannt und gängig sind die **Management-by-Ansätze**. So wird beispielsweise bei dem Management-by-Objectives-Ansatz eine Führung durch Ziele und konkrete Vereinbarungen umgesetzt. Hierzu dienen Förder- und Beratungsgespräche, in denen Wünsche und Anforderungen festgelegt werden.

Management-by-Konzepte	
Management by	
Objectives	Systems
Exception	Delegation
Projects	Motivation
Results	Crisis

Ein anderes Modell ist der Management-by-Exception-Ansatz, bei dem nur in Ausnahmefällen interveniert wird. Der Vorgesetzte greift nur ein, wenn der zuständige Mitarbeiter mit der Aufgabenstellung überfordert ist und zusätzliche Hilfe benötigt. Diesem Modell liegt die Leitidee der Subsidiarität zugrunde, die die Eigenverantwortlichkeit und das unternehmerische Denken hervorhebt.

Ein weiteres verbreitetes Konzept ist der Ansatz des Management by Systems, das den Gesamtkontext der Personalführung in den Vordergrund rückt. Ein anwendungsbezogenes Führungsinstrument sind Beurteilungsgespräche, die in der Personalförderung eingesetzt werden.

Lernfrage 4.7

Welche Management-by-Absätze gibt es wirklich?

- ☐ by Systems
- ☐ by Exception
- ☐ by Helicopter
- ☐ by Objectives
- ☐ by Projects
- ☐ by Persons

Die Personalentwicklung

Die Personalentwicklung erstreckt sich auf alle Maßnahmen, die dazu dienen, die Qualifikation der Mitarbeiter zu erhalten, zu erweitern und fortlaufend zu verbessern.

Zu den Personalentwicklungsmaßnahmen zählen neben

- Ausbildung und Weiterbildung
- die Umschulung,
- externe oder interne Seminare, Webinare,
- das Coaching von Führungs- und Fachkräften,
- die Supervision und
- arbeitsplatzspezifische Fördermaßnahmen wie Job Rotation, Job Enlargement und Job Enrichment.

Zielsetzung der Personalentwicklung ist es, die Kompetenzen und Qualifikationen der Belegschaft zu optimieren. Die Personalentwicklung wird flankiert von der Organisations- und Teamentwicklung, die eine Einheit bilden.

Bei den **Kompetenzen** werden Methoden-, Fach- und Sozialkompetenz unterschieden.

Die Personalentwicklungsmaßnahmen werden nach den Katgorien Training on the job, off the job und near the job gegliedert. Die Supervision entstammt der Psychotherapie und wird vorwiegend in der Führungskräfteentwicklung angewandt. Das verwandte Coaching dient dazu, praxisnahe Problemlösungsstrategien zu entwickeln.

Methoden der Personalentwicklung	
Externe Seminare	In-House-Seminare
Training on the job	Training off the job
Training near the job	Virtual Classroom
Job Enrichment	Job Rotation
Job Enlargement	Mentoring
Coaching	Supervision
E-Learning	Web-based Learning (WBT)
Webinare	Learning Communities
Blended Learning	Web-based Collaboration
	Computer-based Learning (CBT)

Die Personalbeurteilung nimmt im Rahmen der Personalführung eine primäre Bedeutung ein. Maßnahmen der Personalbeurteilung sind das Assessmentcenter, das auch als Förder-Assessmentcenter etabliert werden kann, und andere Formen wie beispielsweise persönliche Interviews und eine umfassende Mitarbeiterbefragung.

Lernfrage 4.8

Was sind Formen des E-Learnings?

☐ Web-based Collaboration

☐ Webinar

☐ Coaching

☐ CBT

Die Personalverwaltung

Die Personalverwaltung ist die administrative Seite der Personalwirtschaft. Sie umfasst grundlegende Aufgaben wie die Entgeltabrechnung, die Anmeldung der Lohnsteuer, die Anfertigung von Stellenausschreibungen, die Durchführung der Korrespondenz und vergleichbare Tätigkeiten.

Personalinformationssysteme unterstützen die Personalabteilung bei der Verwaltung und Verarbeitung der Personaldaten sowie der Personalakten. Neben der Entgeltabrechnung sind Personalinformationssysteme für die Personalplanung, die Fehlzeitenverwaltung und die Erstellung von Personalstatistiken und die Personalberichterstattung zuständig.

Aufgaben in der Personalverwaltung		
Lohnsteueranmeldung	Gehaltsabrechnung	Stellenausschreibungen
Bearbeitung Bewerbungen	Korrespondenz	Personalaktenverwaltung
Personaldatenverarbeitung	Personalstatistik	Fehlzeitenverwaltung

Bei der Verwaltung von **Personalakten** kommen zudem Dokumenten- und Workflow-Managementsysteme zum Einsatz, die eine elektronische Archivierung und Bearbeitung ermöglichen.

Moderne Personalinformationssysteme können neben den rein administrativen Aufgaben Funktionen der Personal-, Team- und Organisationsentwicklung übernehmen.

Die Personalfreisetzung

Der Abbau von Arbeitsplätzen bedeutet für alle Beteiligten eine enorme Belastung. Daher ist es von entscheidender Bedeutung, dass die damit verbundenen Prozesse transparent gestaltet und soziale Härten vermieden werden. Unter Umständen kann das Unternehmen auf sozialverträgliche Alternativen wie Kurzarbeit oder Altersteilzeit ausweichen.

Eine **Kündigung** kann fristgemäß (ordentlich) oder fristlos (außerordentlich) erfolgen, wenn ein wichtiger Grund vorliegt oder dem Arbeitgeber die Fortsetzung des Beschäftigungsverhältnisses nicht zugemutet werden kann. Das Arbeitsgericht kann eine außerordentliche Kündigung in eine ordentliche umwandeln.

Kündigung	
Kündigungsfrist	ordentlich (fristgemäß)
	außerordentlich (fristlos)
Kündigungsgrund	betriebsbedingt
	verhaltensbedingt
	personenbedingt

Bei einem **Aufhebungsvertrag** wird das Arbeitsverhältnis im Einvernehmen zwischen Arbeitgeber und Arbeitnehmer aufgehoben. Ein Aufhebungsvertrag enthält eine Bestimmung, der zufolge der ausscheidende Mitarbeiter keine Kündigungsschutzklage erheben kann. Dafür erhält er eine höhere Abfindung.

Um Prozesse vor dem Arbeitsgericht zu vermeiden, beauftragen Unternehmen nicht selten für Fach- und Führungskräfte eine Outplacementberatung, die den Kündigungsprozess und die Neupositionierung des Gekündigten begleitet und unterstützt.

Das Personalcontrolling

Das Personalcontrolling befasst sich mit der systematischen Überprüfung, Steuerung und Weiterentwicklung des personalwirtschaftlichen Einsatzes mit Hilfe von Kennzahlen und wird in ein operatives, taktisches und strategisches Personalcontrolling untergliedert.

Generelle Zielsetzung ist es, die Arbeitsproduktivität im Unternehmen zu erhöhen und das Personal effizient und effektiv einzusetzen. Die Arbeitsprozesse werden analysiert und hinsichtlich ihrer Wertschöpfung bewertet. Aufgabe des Controlling ist es, anhand aussagekräftiger Kennzahlen die einzelnen Arbeitsprozesse quantitativ und qualitativ zu bewerten und zu optimieren. Eine wichtige Sonderform des Personalcontrolling ist das Projektcontrolling, da die moderne Unternehmensorganisation sich immer mehr an Projektstrukturen orientiert.

Die Personalvergütung

Die Personalvergütung bezieht sich auf die Vergütung der Arbeitsleistung, die durch Löhne, Gehälter, Prämien, Zulagen, Gratifikationen und geldwerte Vorteile wie Belegschaftsrabatte, die private Nutzung von Dienstfahrzeugen oder Smartphones erfolgen kann.

Entgeltformen		
Monatslohn	Bezüge	Monatsgehalt
Stundenlohn	Stücklohn	Akkordlohn
Courtage	Bonus	Provision
Tantiemen	Gewinnbeteiligung	Fixum

Die relativ hohen Personalkosten sind in vielen Dienstleistungsunternehmen eine wichtige Einflussgröße. Daher sind die Unternehmen bestrebt, den Personaleinsatz so effizient und effektiv wie möglich zu gestalten.

Es wird differenziert zwischen

- den Personalbasiskosten (Löhnen, Gehältern, Bezügen) und
- den Personalzusatzkosten, die gesetzlich, tarifvertraglich oder freiwillig veranlasst sein können.

In den Arbeitsverträgen werden diese Regelungen mit einfließen. Zu den notwendigen Angaben, die die Höhe der Vergütung im Arbeitsvertrag konkretisieren, gehören die Art des Entgeltes, die Fälligkeit, die Höhe und auch die Vergütung von Mehrarbeit, Schichtarbeit und Sonntagsarbeit sowie andere Vergütungen.

Die **Lohnfindung** kann anhand der Qualifikationen erfolgen, aber auch sich primär an den Anforderungen des Arbeitsplatzes orientieren.

Vor allem im Bereich der Fertigung beruht eine gängige Systematik auf der summarischen oder der analytischen Arbeitsbewertung. Bei der summarischen Arbeitsbewertung wird wiederum unterschieden in das Rangfolge- und das Lohngruppenverfahren.

Beim **Rangfolgeverfahren** werden alle Tätigkeiten, die in einer Arbeitsbeschreibung enthalten sind, aufgelistet und dann analysiert. Bei dieser Analyse wird eine Rangfolge hergestellt. Aus dieser Abstufung ergibt sich dann der Schwierigkeitsgrad, der dem einzelnen Mitarbeiter zugeordnet wird.

Beim **Lohngruppenverfahren** indes werden Lohn und Gehaltsgruppen formiert, bei denen eine Lohngruppendefinition erfolgt. Bei der Lohngruppendefinition ist eine Staffelung nach dem Schwierigkeitsgrad möglich, der in Prozent ausgedrückt wird. Je höher der Anforderungsgrad ausfällt, desto höher ist auch die Vergütung des einzelnen Mitarbeiters. Bei der analytischen Arbeitsbewertung wird die jeweilige Anforderung genauer definiert und eingegrenzt. Diesem Verfahren liegt das so genannte **Genfer Schema** zugrunde, das die Anforderungsarten in verschiedene Kategorien aufgliedert. Diese Kategorien sind Können, Verantwortung, Belastung und Arbeitsbedingungen.

Die bereits erwähnten Kategorien werden weiter aufgefächert in ergonomische Aspekte. So kann zum Beispiel in eine Tätigkeit aufgeschlüsselt werden, die vorwiegend körperlich belastend ist, oder eine Tätigkeit, die den Körper nicht zu sehr belastet. Darüber hinaus werden Umgebungseinflüsse mit einbezogen. Das Modell differenziert dann weiter die beiden Anforderungsarten anhand dieses Schemas und untergliedert in

- Kenntnisse,
- Geschicklichkeit,
- Verantwortung,
- geistige Belastung,
- körperliche Belastung und
- Umgebungseinflüsse.

Die analytische Arbeitsplatzbewertung wird unterteilt in das Rangreihenverfahren und das Stufenwertzahlverfahren.

Beim **Rangreihenverfahren** werden die Tätigkeiten von der einfachsten bis zur komplexesten Tätigkeit aufgefächert und mit einer Prozentzahl bewertet, die von 0 % bis 100 % reicht. Dabei gibt es Rangreihenverfahren, die getrennt gewichtet oder die insgesamt eine Gewichtung vornehmen und dabei einen absoluten Arbeitswert ermitteln.

Das **Stufenwertzahlverfahren** teilt die Tätigkeiten in Kategorien ein und verknüpft damit eine Zahl. So können einfache Tätigkeiten mit einer geringen Zahl versehen werden und komplexe und vielschichtige Tätigkeiten mit einer höheren Zahl, was Einfluss auf die entsprechende Vergütung hat. Auch hierbei ist es möglich, Gewichtungsfaktoren zu benennen oder einzelne Faktoren zusammenzufassen.

Ein weiteres entscheidendes Themenfeld ist das Vergütungssystem, das im Personalwirtschaftsbereich auch als **Entgeltmanagement** bezeichnet wird.

Die Personalentlohnung oder die Personalvergütung ist ein wichtiges und zentrales Thema, das bei der Rekrutierung von Arbeitskräften einen entscheidenden Beitrag leisten kann. Moderne Vergütungsformen erschöpfen sich nicht in den klassischen Zeitakkord- und Prämienlöhnen, sondern berücksichtigen auch andere Formen der Vergütung wie beispielsweise einen Beteiligungs- oder Prämienlohn und Incentive-Systeme.

Bei der Vergütung spielen Fragen der **Lohnnebenkosten**, der Sozialabgaben und die Optimierung von Vergütungssystemen eine entscheidende Rolle. Auch die betriebliche Altersversorgung gewinnt in diesem Kontext immer mehr an Bedeutung.

Bei den Vergütungen spielen die **Löhne** die wichtigste Rolle. Neben den Löhnen können aber auch noch andere Vergütungen erfolgen. Eine Art der Vergütung ist auch die Entgeltfortzahlung, die gesetzlich vorgeschrieben ist und bei Krankheiten sich auf eine Dauer von sechs Wochen erstreckt.

Zudem können natürlich auch Urlaubsansprüche Vergütungen nach sich ziehen, und an gesetzlichen Feiertagen entfällt die Arbeitstätigkeit – es müssen aber dennoch Löhne gezahlt werden.

Bei den Löhnen differenziert die **Systematik** in die Kategorien Zeit-, Akkord- und Prämienlöhne. Bei Zeitlöhnen erfolgt die Vergütung entsprechend der geleisteten Arbeitszeit. Der Zeitlohn ist abhängig vom Lohnsatz. Die Einheit wird multipliziert mit der Anzahl der Zeiteinheiten.

Zusätzlich gewähren viele Unternehmen eine **Zulage**; diese wird häufig als Prämie bezeichnet und kann in Form einer Qualitäts-, Mengen-, Anwesenheits- oder Flexibilitätsprämie konkret ausgestaltet werden. Im Bereich der Fertigung wird häufig ein Akkordlohn bezahlt, der in Abhängigkeit zu der geleisteten Arbeitsmenge steht.

Hinsichtlich der Steuern unterscheidet man Brutto- und Nettoentgelte.

Neben einzelnen vertraglichen Vereinbarungen kommen bei tarifgebundenen Unternehmen auch Tarifverträge zur Geltung, die die Lohnhöhe festlegen. Darüber hinaus können Betriebsvereinbarungen die Höhe der Vergütung beeinflussen.

Zusammenfassung

- Das Personal ist aus betriebswirtschaftlicher Perspektive ein dispositiver Produktionsfaktor. Durch die Arbeit von Menschen wird es erst möglich, Dienstleistungen bereitzustellen und Produkte anzufertigen.
- Die Personalwirtschaftslehre ist eine Teildisziplin der Betriebswirtschaftslehre, die in verschiedene Einzelbereiche aufgefächert werden kann. Hierzu gehören beispielsweise das Personalcontrolling, die Personalpolitik, die Personalentwicklung, die Personalverwaltung und andere. Eine wichtige Bedeutung in der Personalwirtschaft hat der Ansatz des Personalmarketings, der sich auf die Personalbeschaffung und auf die Positionierung des Unternehmens am Arbeitsmarkt bezieht.
- Die Personalabteilung wird von der Personalleitung geführt und erfüllt eine Vielzahl von personalwirtschaftlichen Funktionen, die von der Entgeltabrechnung über die Personalentwicklung und das Controlling bis hin zur Personalverwaltung reichen.
- Die Organisation der Personalabteilung gestaltet sich in Abhängigkeit von der Betriebsgröße und der Unternehmenspolitik. Mittelständische Unternehmen haben eigenständige Abteilungen für Personalentwicklung und Personalcontrolling, die in kleineren Unternehmen nur in Ausnahmefällen vorhanden sind.
- In größeren Unternehmen werden Fachgebiete wie die Arbeitssicherheit, die Personal- und Teamentwicklung, das Personalcontrolling oder -Marketing von eigenen Abteilungen organisiert, die über die entsprechende Expertise verfügen. In Konzernen ist es darüber hinaus üblich, die Personalabteilung hinsichtlich einiger Funktionen zu dezentralisieren und nach Sparten zu organisieren. Die Hauptfunktion der Personalabteilung besteht darin, das Personal effektiv und effizient einzusetzen und für zukünftige Herausforderungen weiterzuqualifizieren.
- Die Personalpolitik ist von der Unternehmenspolitik abhängig, die die Werte des Unternehmens bestimmt. Die Personalpolitik orientiert sich an der Unternehmenspolitik und leitet davon bestimmte Ziele ab, die speziell für den personalwirtschaftlichen Bereich gelten.
- Die Grundsätze der Personalpolitik können Einzelaspekte wie Aufstiegsmöglichkeiten beziehen, das Gender Mainstreaming oder die Mitbestimmung und einzelne Prinzipien der Führung tangieren.
- Darüber hinaus legt die Personalpolitik allgemeine Maximen fest, die beispielsweise die Zusammenarbeit betreffen oder die betriebliche Altersversorgung konkretisieren.
- Personalmarketing ist ein Modell, das die Marketingperspektive auf den personalwirtschaftlichen Bereich ausdehnt. Beim Personalmarketing kommt es darauf an, das Unternehmen so auf den Beschaffungsmärkten für Personal zu positionieren, dass die Rekrutierung von neuen Mitarbeitern ohne Probleme und zu optimalen Kosten gelingt. Hierbei spielen eine Vielzahl unterschiedlicher Einflussfaktoren eine Rolle wie das Ansehen des Unternehmens

(Employer Branding) und der jeweiligen Branche, die Bekanntheit, die unternehmensinternen Aufstiegsmöglichkeiten und das wirtschaftliche Potenzial des jeweiligen Unternehmens und der Branche.

- Der Erfolg der Personalführung wird bestimmt von Faktoren wie den Führungsmitteln, den Führungstilen und dem jeweiligen Führungsansatz.
- Bei den Modellen differenziert man zwischen Top-Down-Modellen, die aus den obersten Zielen verschiedenen Unterzielen deduzieren, und Bottom-Up-Modellen, bei denen von unten nach oben sich Führungsziele herauskristallisieren.
- Sehr bekannt und gängig sind die Management-by-Ansätze. So wird beispielsweise bei dem Management-by-Objectives eine Führung durch Ziele und konkrete Vereinbarungen umgesetzt. Hierzu dienen Förder- und Beratungsgespräche, in denen Wünsche und Anforderungen festgelegt werden.
- Die Personalentwicklung erstreckt sich auf alle Maßnahmen, die dazu dienen, die Qualifikation der Mitarbeiter zu erhalten, zu erweitern und fortlaufend zu verbessern.
- Zu den Personalentwicklungsmaßnahmen zählen neben Ausbildung und Weiterbildung auch die Umschulung, externe oder interne Seminare, Webinare, das Coaching von Führungs- und Fachkräften, die Supervision und arbeitsplatzspezifische Fördermaßnahmen wie Job Rotation, Job Enlargement und Job Enrichment.
- Zielsetzung der Personalentwicklung ist es, die Kompetenzen und Qualifikationen der Belegschaft zu optimieren und zu verbessern. Die Personalentwicklung wird flankiert von der Organisations- und Teamentwicklung.
- Die Personalverwaltung ist die administrative Seite der Personalwirtschaft. Sie umfasst grundlegende Aufgaben wie die Entgeltabrechnung, die Anmeldung der Lohnsteuer, die Anfertigung von Stellenausschreibungen, die Durchführung der Korrespondenz und vergleichbare Tätigkeiten.
- Der Abbau von Arbeitsplätzen bedeutet für alle Beteiligten eine enorme Belastung. Daher ist es von entscheidender Bedeutung, dass die damit verbundenen Prozesse transparent gestaltet und soziale Härten vermieden werden. Unter Umständen kann das Unternehmen auf Alternativen wie Kurzarbeit oder Altersteilzeit ausweichen.

Lösungen

Hier finden Sie die richtigen Antworten zu den Lernfragen dieses Kapitels.

Lernfrage 4.1

Was bedeutet Personalmarketing?

- ☐ Vermarktung von Waren
- ■ Positionierung auf dem Arbeitsmarkt
- ■ Employer Branding

Lernfrage 4.2

Was sind Aufgaben der Personalabteilung?

- ■ Personalverwaltung
- ■ Personalcontrolling
- ■ Personalbeschaffung

Lernfrage 4.3

Welche Motivationsmodelle gibt es?

- ■ Maslows Bedürfnispyramide
- ■ XY-Theorie
- ☐ ABC-Analyse
- ■ Zwei-Faktoren-Theorie

Lernfrage 4.4

Was sind Beispiele für externes Personalmarketing?

- ■ Bewerbertage
- ■ Praktika
- ☐ Personalentwicklung

Lernfrage 4.5

Welche Qualifikationsmaßnahmen sind am Arbeitsplatz möglich?

- ■ Job Enrichment
- ■ Job Rotation
- ☐ Training off the job
- ■ Job Enlargement
- ☐ Webinar

Lernfrage 4.6

Was sind Beispiele für Arbeitszeitmodelle?

■ Sabbatical

■ Job Sharing

□ Car Sharing

Lernfrage 4.7

Welche Management-by-Absätze gibt es wirklich?

■ by Systems

■ by Exception

□ by Helicopter

■ by Objectives

■ by Projects

□ by Persons

Lernfrage 4.8

Was sind Formen des E-Learnings?

■ Web-based Collaboration

■ Webinar

□ Coaching

■ CBT

Notizen

Die wichtigsten Stichwörter:

Das muss ich mir nochmals anschauen:

Prüfungstipps

- In Prüfungen werden oft Fragen zum Management von Bewerbungen, zur Personalverwaltung und zu arbeitsrechtlichen Aspekten gestellt.
- Sie sollten sich mit den einzelnen Abläufen in einer Personalabteilung vertraut machen.

Kapitel 5

Materialwirtschaft und Logistik

Lernhinweise zu Kapitel 5

Was erwartet mich in diesem Kapitel?

In diesem Kapital geht es um die Materialwirtschaft und die Beschaffungsfunktionen im Unternehmen.

Welche Schlagwörter lerne ich kennen?

■ Materialwirtschaft ■ Rohstoff ■ Hilfsstoff ■ Betriebsstoff ■ Beschaffung ■ Beschaffungslogistik ■ Distributionslogistik ■ Disposition ■ Entsorgung ■ Recycling ■ Fertigungstiefe ■ Lagerorganisation ■ Kapitalbindung ■ Vorratshaltung ■ PPS ■ Warenwirtschaftssystem ■ Qualitätssicherung

Wofür benötige ich dieses Wissen?

Die Beschaffungs- und Materialwirtschaft stellt im Unternehmen eine wichtige Funktion dar, die auch darüber entscheidet, welche Rendite erzielt werden kann.

Grundlagen

Die Materialwirtschaft bezieht sich auf die Gesamtheit aller Funktionen, die die Versorgung des Unternehmens mit Material betreffen. Die Materialwirtschaft hat die Aufgabe, Material wie Roh-, Hilfs- oder Betriebsstoffe in einer entsprechenden Qualität zu beschaffen und dieses rechtzeitig zur Verfügung zu stellen.

Phasen der Beschaffung

1. Ermittlung des Bedarfs
2. Budgetermittlung und -verwaltung
3. Angebotseinholung
4. Bestellung
5. Wareneingang
6. Zahlungsabwicklung

Die Zielsetzung der Materialwirtschaft besteht darin, die Kosten für die Beschaffung von Material und Dienstleistungen zu verringern und optimal zu gestalten.

Bedarfsermittlung

Bei der **Bedarfsermittlung** wird differenziert zwischen einer deterministischen Bedarfsermittlung, bei der die Art und die Menge des zu beschaffenden Materials vom Produktionsprogramm festgelegt wird. Bei der stochastischen (wahrscheinlichkeits- und verbrauchsbezogenen) Bedarfsermittlung dienen Prognosen als Grundlage, wobei Kennzahlen aus der Wahrscheinlichkeitsrechnung (Mittelwerte, Regressionsanalyse) verwendet werden.

Eine dritte Form der Bedarfsermittlung ist der heuristische Ansatz, der auf Schätzungen des erfahrenen Personals beruht und nur auf Materialien mit geringem Wert angewandt wird.

Bedarfsermittlung		
deterministisch	stochastisch	heuristisch

Die angestrebte Optimierung erstreckt sich sowohl auf die Lagerkosten als auch auf die Verarbeitung und die Kosten, die für den Vertrieb anfallen.

Eine verbesserte Disposition und die Etablierung einer effizienten **Beschaffungslogistik** stehen ebenso im Mittelpunkt wie eine kostengünstige Lagerhaltung, die den innerbetrieblichen Transport erleichtert. Die vielfach verbreitete Beschaffung über das Internet wird als E-Procurement bezeichnet.

Bei so genannten **Marktplatzsystemen** können die Vorgaben sowohl vom beschaffenden Unternehmen als auch vom Lieferanten kommen. Erfolgt die Vorgabe einseitig vom Lieferanten, spricht man von Sell-side-Systemen, während beschaffungszentrierte Konzeptionen als Buy-side-Systeme bezeichnet werden.

Darüber hinaus soll das Material jederzeit für die Fertigung bereitstehen und die Distributionslogistik berücksichtigen.

Lernfrage 5.1

Welche Methoden der Materialbedarfsermittlung werden angewandt?

☐ deterministisch

☐ stochastisch

☐ dynamisch

☐ heuristisch

Lernfrage 5.2

Wie wird im Englischen die Materialbeschaffung über das Internet genannt?

☐ Internet-based Material Resourcing

☐ Internet Material Management

☐ E-Procurement

Lernfrage 5.3

Von wem geht die Beschaffung in einem Buy-Side-System aus?

☐ vom beschaffenden Unternehmen

☐ vom Lieferanten

☐ von der Wertschöpfungskette

Die integrierte Materialwirtschaft

Die Materialwirtschaft bezieht zudem Aspekte der Entsorgung und der Verwertung von Materialien mit ein. Der Fachbereich Materialwirtschaft kann untergliedert werden in einzelne Teildisziplinen. Hierzu gehören als Aspekte die Disposition, die Lagerhaltung und die Beschaffung.

Bei der **integrierten Materialwirtschaft** werden unterschiedliche Funktionen wie beispielsweise die innerbetriebliche Logistik, die Entsorgung und das Recycling von Reststoffen sowie die Steuerung der Fertigung betrachtet und berücksichtigt.

Die Materialwirtschaft hat in der Unternehmensorganisation in den vergangenen Jahren erheblich an Relevanz gewonnen. Denn aufgrund der Fertigungstiefe, die in vielen Unternehmen erreicht wurde, ist es erforderlich und unerlässlich, die Materialwirtschaft vollständig zu optimieren und den Kunden eine höchstmögliche Flexibilität bei der Fertigung und Lieferung von Waren zu ermöglichen.

Die Materialwirtschaft erstreckt sich bei der Kostenreduzierung sowohl auf den Einkauf als auch auf die Lagerwirtschaft und alle Aspekte der Logistik. Das Recycling gewinnt immer mehr an Bedeutung.

Bei der unternehmensinternen Umsetzung der Materialwirtschaft differenziert man zwischen der Aufbauorganisation, die die vertikale Gliederung von Unternehmensprozessen beschreibt, und der Ablauforganisation, die den Ablauf der einzelnen Vorgänge beschreibt. Ein wichtiger Aspekt bei der Materialwirtschaft neben dem Materialfluss ist auch die Warenbereitstellung, die durch die Lagerorganisation gewährleistet wird. Bei der Warenbereitstellung differenziert man zwischen der Vorratshaltung, bei der die notwendigen Materialien im Lager vorrätig gehalten werden, sowie der lagerlosen sofortigen Verwendung und der Einzelbeschaffung.

- Bei der lagerlosen sofortigen Verwendung werden die erforderlichen Materialien unmittelbar bei der Verwendung angefordert.
- Bei der Einzelbeschaffung erfolgt die Beschaffung der entsprechenden Ware erst bei einem konkreten Bedarf im Unternehmen. Die Einzelbeschaffung hat für das Unternehmen den maßgeblichen Vorteil, dass die Lagerhaltungskosten entsprechend minimiert und die Kapitalbindungskosten reduziert werden können.

Der Nachteil der Einzelbeschaffung resultiert daraus, dass hohe Lieferzeiten anfallen und Lieferverzögerungen unter Umständen nicht ausgeschlossen werden können. Durch die geringen Mengen, die bei dieser Art der Materialbeschaffung anfallen, entstehen hohe Beschaffungskosten. Bei der lagerlosen sofortigen Verwendung von Materialien ist darüber hinaus eine lückenlose, systematische Planung unabdingbar.

Die Vorteile der **Vorratshaltung** sind indes die schnelle Verfügbarkeit der vorhandenen Waren und Materialien, so dass Lieferverzögerungen entsprechend ausgeschlossen werden können. Aber die extensive Lagerhaltung bedingt eine hohe Kapitalbindung und überdurchschnittliche Lagerhaltungskosten.

Bei der Optimierung der Materialwirtschaft im Unternehmen werden moderne Systeme der Informationsverarbeitung eingesetzt. Das Programm soll die Beschaffungstätigkeiten gezielt koordinieren und weiter optimieren sowie das

Warenwirtschaftssystem verbessern und die Produktionsplanung und -steuerung ermöglichen. Für die Produktionsplanung und -steuerung setzt man im Allgemeinen ein so genanntes PPS-System ein, durch das die Fertigungssteuerung optimal unterstützt wird.

Lernfrage 5.4

Was sind Vorteile der Vorratshaltung?

- ☐ keine Verzögerungen
- ☐ geringe Lagerkosten
- ☐ schnelle Verfügbarkeit

Lernfrage 5.5

Wozu dient ein PPS-System?

- ☐ zur Materialbeschaffung
- ☐ zur Kennzahlenanalyse
- ☐ zur Fertigungssteuerung

Zusammenfassung

- Die Zielsetzung der Materialwirtschaft besteht darin, die Kosten für die Beschaffung von Material und Dienstleistungen zu verringern und optimal zu gestalten.
- Bei der Bedarfsermittlung wird differenziert zwischen einer deterministischen Bedarfsermittlung, bei der die Art und die Menge des zu beschaffenden Materials vom Produktionsprogramm festgelegt wird. Bei der stochastischen (wahrscheinlichkeits- und verbrauchsbezogenen) Bedarfsermittlung dienen Prognosen als Grundlagen, wobei Kennzahlen aus der Wahrscheinlichkeitsrechnung (Mittelwerte, Regressionsanalyse) verwendet werden. Eine dritte Form der Bedarfsermittlung ist der heuristische Ansatz, der auf Schätzungen des erfahrenen Personals beruht und nur auf Materialien mit geringem Wert angewandt wird.
- Die Materialwirtschaft bezieht auch Aspekte der Entsorgung und der Verwertung von Materialien mit ein. Der Fachbereich Materialwirtschaft kann untergliedert werden in einzelne Teildisziplinen. Hierzu gehören als Aspekte die Disposition, die Lagerhaltung und die Beschaffung.

Lösungen

Hier finden Sie die richtigen Antworten zu den Lernfragen dieses Kapitels.

Lernfrage 5.1

Welche Methoden der Materialbedarfsermittlung werden angewandt?

■ deterministisch

■ stochastisch

☐ dynamisch

■ heuristisch

Lernfrage 5.2

Wie wird im Englischen die Materialbeschaffung über das Internet genannt?

☐ Internet-based Material Resourcing

☐ Internet Material Management

■ E-Procurement

Lernfrage 5.3

Von wem geht die Beschaffung in einem Buy-Side-System aus?

■ vom beschaffenden Unternehmen

☐ vom Lieferanten

☐ von der Wertschöpfungskette

Lernfrage 5.4

Was sind Vorteile der Vorratshaltung?

■ keine Verzögerungen

☐ geringe Lagerkosten

■ schnelle Verfügbarkeit

Lernfrage 5.5

Wozu dient ein PPS-System?

☐ zur Materialbeschaffung

☐ zur Kennzahlenanalyse

■ zur Fertigungssteuerung

Notizen

Die wichtigsten Stichwörter:

Das muss ich mir nochmals anschauen:

Prüfungstipps

- In Prüfungen wird häufig die Systematik der einzelnen Materialien abgefragt.
- Auch Fragen zur Beschaffungs- und Distributionslogistik gehören zu den zentralen Prüfungsthemen.

Kapitel 6

Produktionswirtschaft

Lernhinweise zu Kapitel 6

Was erwartet mich in diesem Kapitel?

Das Kapitel befasst sich mit der Produktionswirtschaft und den verschiedenen Ansätzen im Qualitätsmanagement.

Welche Schlagwörter lerne ich kennen?

■ Produktionswirtschaft ■ Produktionsprogramm ■ Fertigungssteuerung ■ Produktionsstandort ■ Qualitätsmanagement ■ Fertigungsprozesse ■ EFQM ■ ISO 9001 ■ Total Quality Management (TQM) ■ Kontinuierlicher Verbesserungsprozess (KVP) ■ Kaizen ■ Six Sigma ■ DMAIC-Zyklus

Wofür benötige ich dieses Wissen?

Deutschland ist ein international führender Industriestandort. Fragen der Produktionswirtschaft sind daher für viele Absolventinnen und Absolventen der Betriebswirtschaftslehre von hoher Bedeutung. Auch das Qualitätsmanagement spielt in der Praxis eine zentrale Rolle.

Grundlagen

Die Produktionswirtschaftslehre ist eine Teildisziplin der BWL, die sich mit dem Produktionsmanagement befasst. Aufgabengebiete sind die Fertigungssteuerung, die Planung und Koordination aller Prozesse im Bereich der Produktion.

Produktionswirtschaft wird oft unausgesprochen auf die Produktionsindustrie reduziert und dann in mechanisch-technologische Industrie (Fertigungsindustrie) und die verfahrenstechnische Industrie (Prozessindustrie) unterteilt. Die Produktionswirtschaft befasst sich dann vordringlich mit dem Management von Technologie-, Produktions- und Logistikprozessen in Unternehmen.

Die **Fertigungsindustrie** ist durch diskrete Produktionseinheiten, das heißt teilebezogene Fertigung- und Montageprozesse geprägt.

Die **Prozessindustrie** ist durch kontinuierliche oder diskontinuierliche (zum Beispiel batchorientierte) Prozesse geprägt, deren Output durch Gewichts- oder Volumeneinheiten gemessen werden. Sie wird in der Literatur auch als grundstoffverarbeitende Industrie bezeichnet. Zur Prozessindustrie werden unter anderem die Branchen (Petro-)Chemie, Erz- und Stahlgewinnung, Lebensmittel, Putz- und Waschmittel, Kosmetik, Pharma wie auch im weiteren Sinne die Energiewirtschaft gezählt.

Das Produktionsprogramm hängt von den Marktbedürfnissen ab. Die meisten Unternehmen haben Lieferanten, mit denen sie ein Netzwerk bilden. Produktionsstandorte werden nach den vorhandenen Ressourcen gewählt. Hierzu gehören beispielsweise

- die Verfügbarkeit von Rohstoffen,
- die Energieversorgung,
- die Verkehrsanbindung,
- die technische Infrastruktur,
- das Personal,
- die gesetzlichen Rahmenbedingungen,
- die Nähe zu den Märkten

und andere Einflussgrößen.

Lernfrage 6.1

Welche Faktoren beeinflussen die Standortwahl eines Industrieunternehmens?

- ☐ Verkehrsanbindung
- ☐ verfügbares Personal
- ☐ Infrastruktur

Qualitätsmanagement

Ein wichtiger Aspekt in der Produktionswirtschaft ist das Qualitätsmanagement.

Unter Qualitätsmanagement versteht man alle Maßnahmen, die dazu beitragen, Produkte, Dienstleistungen und Prozesse im Unternehmen zu verbessern. Qualitätsmanagement ist nicht die isolierte Aufgabe einer Abteilung, sondern muss bereichsübergreifend das gesamte Unternehmen umfassen.

So erfordert eine Qualitätssteigerung nicht nur eine Optimierung der Fertigungsprozesse, sondern auch eine deutliche Verbesserung des Kundenservice und eine Standardisierung und Normierung von Prozessen im Unternehmen. Qualität bedeutet, dass ein Produkt oder eine Dienstleistung in hohem Maße mit den Erwartungen der Kunden übereinstimmt.

Im Qualitätsmanagement gibt es verschiedene Ansätze. Zu den bekanntesten zählen

- das EFQM-Modell und
- die ISO 9001.

EFQM ist vor allem in Europa weit verbreitet. Die Unternehmen erhalten nach einer Überprüfung ein entsprechendes Zertifikat. Im Mittelpunkt von EFQM steht die kontinuierliche Verbesserung und Stärkung der Innovationsfähigkeit. Maßstab sind die weltbesten Praktiken im Bereich des Qualitätsmanagements. EFQM ist nicht nur auf Industrieunternehmen ausgerichtet, sondern wird auch im Dienstleistungssektor und im Non-Profit-Bereich angewandt und umgesetzt.

Ein umfassendes Konzept stellt das **Total Quality Management** (TQM) dar, bei dem alle Bereiche eines Unternehmens in die Qualitätsoffensive mit einbezogen werden. Die Qualitätsverbesserung wird zum obersten Unternehmensziel erhoben, das in allen Bereichen fortlaufend umgesetzt wird. Alle Führungsebenen und alle Mitarbeiter müssen im Alltag die Kriterien des Qualitätsmanagements, die von den Kunden vorgegeben werden, beachten und realisieren. Das Qualitätsmanagement ist ein nie endender Prozess, der eine stetige Verbesserung anstrebt. Das EFQM-Modell ist ein solcher TQM-Ansatz, der die Ergebnis- und die Kundenorientierung in den Mittelpunkt aller Bemühungen stellt.

> Dem Qualitätsmanagement liegt die Idee des kontinuierlichen Verbesserungsprozesses (KVP) zugrunde, die ursprünglich in Japan entwickelt wurde und dort Kaizen genannt wird.

Ein anderer Ansatz ist das **Six-Sigma-Modell**. Die Bezeichnung stammt aus der induktiven Statistik. Six Sigma gibt in der Mathematik an, wann eine Toleranzgrenze erreicht ist, die hier mit sechs Standardabweichungen festgelegt wird, und leitet davon die Zahl der Produkte oder Dienstleistungen ab, die maximal fehlerhaft sein dürfen. Konkret sind dies 3,4 Fehler (Defects per million opportunities) bei einer Million Fehlermöglichkeiten (Produkten, Dienstleistungen, Prozessen).

In der Praxis findet die Einführung von Six Sigma durch speziell qualifizierte Anleiter statt, die ein Rangkennzeichen haben. Die Gesamtleitung über das Projekt hat der so genannte „Deployment Champion" inne, der die Verantwortung für die Umsetzung von Six Sigma trägt. Die einzelnen Experten, die für die Schulung, das Coaching und die Ausbildung zuständig sind, werden als „Master Black Belt" bezeichnet. Daneben gibt es noch Umsetzer auf mittleren Führungsebenen, die als „Green Belts" oder „Yellow Belts" fungieren und das Projekt vorantreiben. In der Praxis wird Six Sigma als DMAIC-Zyklus eingesetzt. Die Abkürzung „DMAIC" steht für die einzelnen Phasen „define", „measure", „analyze", „improve" und „control".

Lernfrage 6.2

Was sind Konzeptionen des Qualitätsmanagements?

- ☐ EFQM
- ☐ Six Sigma
- ☐ GBR

Lernfrage 6.3

Was ist ein Synonym für den kontinuierlichen Verbesserungsprozess?

- ☐ Kaizen
- ☐ Continuous Improvement Process
- ☐ KVP

Lernfrage 6.4

Aus welchen Phasen besteht der DMAIC-Zyklus?

- ☐ Define, multiply, analyze, innovate, control
- ☐ Determine, measure, assess, initiate, control
- ☐ Define, measure, analyze, improve, control
- ☐ Determine, motivate, argue, improve, control

Lernfrage 6.5

Wer hat die Projektleitung bei Six Sigma?

- ☐ Green Belt

☐ Blue Belt

☐ Master Black Belt

☐ Deployment Champion

Ein wichtiger Faktor für den Erfolg des Qualitätsmanagements ist vorwiegend die Unterstützung auf allen Führungsebenen für die erforderlichen Maßnahmen und die Nähe zum Kunden; denn nur dann können die Anforderungen und Wünsche konkretisiert werden. Das Qualitätsmanagement muss in der Unternehmenskultur fest verankert sein und alle Bereiche durchdringen.

Zusammenfassung

- Die Produktionswirtschaftslehre ist eine Teildisziplin der BWL, die sich mit dem Produktionsmanagement befasst. Aufgabengebiete sind die Fertigungssteuerung, die Planung und Koordination aller Prozesse im Bereich der Produktion.
- Das Produktionsprogramm hängt von den Marktbedürfnissen ab. Die meisten Unternehmen haben Lieferanten, mit denen sie ein Netzwerk bilden. Produktionsstandorte werden nach den vorhandenen Ressourcen gewählt. Hierzu gehören beispielsweise Rohstoffe, Energie, die Verkehrsanbindung, die technische Infrastruktur, das Personal, die gesetzlichen Rahmenbedingungen, die Nähe zu den Märkten und andere Einflussgrößen. Ein wichtiger Aspekt in der Produktionswirtschaft ist das Qualitätsmanagement.

Lösungen

Hier finden Sie die richtigen Antworten zu den Lernfragen dieses Kapitels.

Lernfrage 6.1

Welche Faktoren beeinflussen die Standortwahl eines Industrieunternehmens?

- ■ Verkehrsanbindung
- ■ verfügbares Personal
- ■ Infrastruktur

Lernfrage 6.2

Was sind Konzeptionen des Qualitätsmanagements?

- ■ EFQM
- ■ Six Sigma
- ☐ GBR

Lernfrage 6.3

Was ist ein Synonym für den kontinuierlichen Verbesserungsprozess?

- ■ Kaizen
- ■ Continuous Improvement Process
- ■ KVP

Lernfrage 6.4

Aus welchen Phasen besteht der DMAIC-Zyklus?

- ☐ Define, multiply, analyze, innovate, control
- ☐ Determine, measure, assess, initiate, control
- ■ Define, measure, analyze, improve, control
- ☐ Determine, motivate, argue, improve, control

Lernfrage 6.5

Wer hat die Projektleitung bei Six Sigma?

- ☐ Green Belt
- ☐ Blue Belt
- ☐ Master Black Belt
- ■ Deployment Champion

Notizen

Die wichtigsten Stichwörter:

Das muss ich mir nochmals anschauen:

Prüfungstipps

- Sie sollten die Grundbegriffe der Produktionswirtschaft genau kennen.
- Es ist außerdem wichtig, sich in einzelne Themengebiete des Qualitätsmanagements (wie EFQM und Six Sigma) zu vertiefen.
- Sehr häufig wird in Prüfungen auch das Total Quality Management thematisiert.

Kapitel 7

Marketing

Lernhinweise zu Kapitel 7

Was erwartet mich in diesem Kapitel?

Das Marketing ist eine der wichtigsten Disziplinen der Betriebswirtschaftslehre. Dieses Kapital befasst sich mit den einzelnen Ansätzen und Erscheinungsformen des Marketing.

Welche Schlagwörter lerne ich kennen?

■ Marketing ■ Marketingstrategie ■ Absatzwirtschaft ■ Marketing-Mix ■ Non-Profit-Organisation (NPO) ■ Produktpolitik ■ Preispolitik ■ Kommunikationspolitik ■ Distributionspolitik ■ Werbung ■ Kundenservice ■ Rabatt ■ Skonto ■ Bonus ■ Öffentlichkeitsarbeit ■ Public Relations ■ Corporate Communications ■ Employee Relations ■ Investor Relations (IR) ■ Kundenbindung ■ Akquisition ■ Dienstleistungsmarketing ■ Handelsmarketing ■ Investitionsgütermarketing ■ Konsumgütermarketing ■ Gendermarketing ■ Geomarketing

Wofür benötige ich dieses Wissen?

Der Erfolg eines Unternehmens hängt in besonders hohem Maße von einer erfolgreichen Marketingstrategie ab. Ohne ein gezieltes und kundenorientiertes Marketing ist das Scheitern eines Unternehmens vorprogrammiert.

Grundlagen

Unter dem Begriff Marketing fasst man alle Maßnahmen eines Unternehmens zusammen, die es ermöglichen, sich optimal am Markt zu platzieren und die Bedürfnisse und Anforderungen der Kunden und anderer Interessengruppen optimal zu erfüllen.

Früher wurde Marketing häufig mit der Absatzwirtschaft gleichgesetzt. Dieses Konzept ist veraltet; denn Marketing ist eine alle Abteilungen umfassende Denkweise, die darauf ausgerichtet ist, eine marktgerechte Unternehmensführung zu etablieren.

Das Marketing ist daher nicht nur die Aufgabe einer speziellen Abteilung, sondern eine Herangehensweise, die in allen Bereichen des Unternehmens verwurzelt sein muss. Marketing gilt deshalb auch für das Rechnungswesen, die Kantine, den Empfang, das Personalwesen und die IT-Abteilung, denn der Kunde soll im Mittelpunkt aller Bemühungen stehen. Auch Non-Profit-Organisationen, die keine erwerbswirtschaftliche Zielsetzung verfolgen, bedienen sich differenzierter Marketingstrategien.

Das Marketing lässt sich anhand des so genannten Marketing-Mix in verschiedene Teilaspekte aufgliedern:

- Product (Produktpolitik)
- Price (Preispolitik)
- Promotion (Kommunikationspolitik)
- Place (Distributionspolitik)

Die **Produktpolitik** fokussiert sich auf die Verbesserung und Weiterentwicklung der Produktmerkmale. Dies kann durch technische Innovationen, aber auch durch Änderungen des Designs, der Qualität und des Kundenservices erfolgen. Es kann eine Produktvielfalt angestrebt werden, was als Produktdiversifikation bezeichnet wird.

- Die **horizontale Diversifikation** ist dadurch gekennzeichnet, dass man sich mit einer weiteren Leistung an dieselbe Zielgruppe wie bisher wendet, die Ware über dieselben Absatzkanäle lenkt oder spezifische Kenntnisse nutzt, wie z.B. solche über die Technik des Vertriebs von Markenartikeln. Dies geschieht vor allem aus Gründen des Umsatzwachstums, zumal dann, wenn das Potenzial auf den angestammten Märkten ausgeschöpft ist. Bedeutsame Motive stellen aber auch der Zwang, die vorhandene Produktions- oder Vertriebskapazität auszulasten, sowie das Bestreben, Synergien zu erzielen, dar.
- Bei der **vertikalen Diversifikation** wagt sich ein Unternehmen auf die vor- und/oder nachgelagerte Leistungsebene. Dies ist z.B. dann der Fall, wenn ein Handelsunternehmen einen bisherigen Lieferanten auf der Herstellerstufe aufkauft. Maßgebend für einen solchen Schritt sind zumeist das Streben nach

Absicherung der Rohstoffversorgung oder des Absatzes, das Bemühen um höhere Wertschöpfung oder wiederum der Wunsch nach Erzielung von economies of scope (Verbundeffekten).

- Bei der **lateralen Diversifikation** ist keinerlei Zusammenhang zwischen dem bisherigen Betätigungsbereich und dem neuen Aktivitätsfeld zu erkennen. Ein typisches Beispiel dafür sind Mischkonzerne. Die dominante Triebkraft liegt hierbei im Streben nach Risikostreuung, in der Wahrnehmung interessanter Möglichkeiten der Geldanlage sowie in der Ausschöpfung von steuerlichen Vorteilen. Nicht selten ist das seltsame Bild, das sich Außenstehenden bietet, auch das Ergebnis von Hobbys des Eigentümers. Sinnvoll erscheint eine laterale Diversifikation allerdings nur dann zu sein, wenn eine Übertragung vorhandener Fähigkeiten auf andere Bereiche möglich erscheint. Keinesfalls ist darin ein Patentrezept zu sehen. Im Allgemeinen wird diese Option als defensiv betrachtet bzw. dahingehend gewertet, dass eine Mittelverwendung in den angestammten Bereichen des Unternehmens nur zu schlechteren Bedingungen möglich ist.

Die **Preispolitik** befasst sich mit der Frage, welcher Preis für ein Produkt oder eine Dienstleistung angemessen ist und die Marketingziele besonders erfüllt. Dabei geht es auch darum, neue Zielgruppen und Marktsegmente zu erschließen.

Das Entgelt, das ein Unternehmen für eine von ihm offerierte bzw. erbrachte Leistung für angemessen hält, hängt von einer Reihe von **Bestimmungsgrößen** ab:

- Kosten
- Nachfrager
- Absatzmittler und Absatzhelfer
- Wettbewerber
- Zahlungsbedingungen
- Gesetzliche Vorschriften
- Spezifische Risiken
- Unternehmensziele

Welcher Preis gefordert wird, hängt aber auch davon ab, was die Nachfrager für ein Produkt zu bezahlen bereit sind. Eine Chance, relativ hoch einzusteigen, bietet sich oft bei neuen Produkten, die von den Konsumenten stark begehrt werden und noch keiner nennenswerten Konkurrenz unterliegen. Mitunter ist dabei auch die Produktionskapazität noch so klein, dass es nahe liegt, die Gunst der Stunde zu nutzen und bei den von der Diffusionstheorie als Innovatoren bezeichneten Nachfragern Kaufkraft abzuschöpfen. In dem Maße, in dem, bedingt durch Kapazitätsausweitung, Verkauf größerer Stückzahlen und Ausnutzung der Erfahrungskurve, im Laufe der Zeit die Stückkosten sinken und Konkurrenten aufkommen, wird man den Preis schrittweise nach unten korrigieren. Man nennt diese Strategie **Marktabschöpfung** bzw. Skimmingstrategie.

Das Ziel ist, Kaufkraft abzuschöpfen und zugleich Konsumenten, die auf den Pfennig schauen müssen, zur Nachfrage anzuregen. Damit soll die so genannte

Käuferrente möglichst weitgehend abgeschöpft werden. Dies ist derjenige Betrag, den ein Nachfrager für ein bestimmtes Gut weniger zu zahlen hat, als er auf Grund seiner Präferenzen zu zahlen bereit wäre. Wenn somit Preise differenziert werden können, was die Abgrenzung der verschiedenen Käufergruppen voraussetzt, resultiert daraus im Allgemeinen ein vergleichsweise höherer Gewinn. Teilweise dient das Unterfangen auch dazu, aus Gründen kontinuierlicher Kapazitätsauslastung Nachfrage in umsatzschwächere Zeiten zu verlagern. Die **Preisdifferenzierung** kann an verschiedenen Punkten anknüpfen:

- räumliche Preisdifferenzierung: Maßgebend ist der Ort, an dem es zu einem Kaufabschluss kommt oder an dem die Leistung erbracht wird. Wird Ware in einem Exportland zu einem ungleich niedrigeren Preis als im Inland verkauft, spricht man von Dumping.
- zeitliche Preisdifferenzierung: Hierbei verlangt man je nach Tageszeit (Tag- und Nachttarife), Wochentag oder Jahreszeit einen unterschiedlichen Preis.
- personelle Preisdifferenzierung: Je nach Zugehörigkeit eines Abnehmers zu einer bestimmten sozialen Gruppe wie Rentnern, Schwerbeschädigten, Arbeitslosen oder Studierenden werden verschiedene Preise gefordert.
- verwendungsbezogene Preisdifferenzierung: Hier kommt es darauf an, wofür das Produkt eingesetzt wird (z.B. Salz als Speise-, Vieh- oder Streusalz).
- mengenbezogene Preisdifferenzierung: Preiszugeständnisse (Rabatte) werden hierbei mit der Abnahme vergleichsweise größerer Stückzahlen, Gewichtseinheiten etc. begründet.

Ob die Preisdifferenzierung den Erfolg, den man sich von ihr erhofft, mit sich bringt, hängt vor allem davon ab, inwieweit es gelingt, die einzelnen Teilmärkte voneinander abzuschotten.

Lernfrage 7.1

Aus welchen Aspekten besteht der Marketing-Mix?

- ☐ Preispolitik
- ☐ Produktpolitik
- ☐ Kommunikationspolitik
- ☐ Distributionspolitik

Die **Zahlungsbedingungen** sind ebenfalls ein wesentliches Element der Preispolitik. Zu den Instrumenten der Preispolitik zählen neben den verschiedensten Rabatten und Prämien auch Boni, Skonti und umfassende Kundenbindungsprogramme.

Corporate Identity (CI)		
Corporate Architecture	Corporate Communications (CC)	Corporate Philosophy
Corporate Culture	Corporate Language	Corporate Behaviour
Corporate Image	Corporate Responsibility	Corporate Design

Die **Kommunikationspolitik** umfasst im Kern Aktivitäten wie Werbung, Öffentlichkeitsarbeit (Public Relations), Event Marketing, Sponsoring, aber auch die Unternehmenskommunikation (Corporate Communications) einschließlich der Employee Relations und der Investor Relations.

Corporate Communications (CC)	
Form	Bezug
Public Relations	Öffentlichkeit
Investor Relations	Investoren
Employee Relations	Belegschaft

Ein Unternehmen, das Kommunikationspolitik betreibt, hat eine Reihe von Entscheidungen zu treffen:

- Kommunikationsziel
- Kommunikationsobjekt
- Zielgruppe und Zielgebiet
- Kommunikationsbudget
- Werbemittel und Werbeträger

Kommunikationsziel: Was genau soll die Kommunikation bewirken? Ein Unternehmen wird sich zunächst vor allem darum bemühen, seine sonstigen Marketingaktivitäten zu unterstützen. Das überzeugendste neue Produkt und die drastischste Preissenkung nützen nichts, wenn nur wenige potenzielle Abnehmer davon erfahren. Oft wird es auch darum gehen, zu Wiederholungskäufen anzuregen, den Bekanntheitsgrad, den man genießt, zu erhöhen, das Image zu retuschieren oder die Öffentlichkeit über Hintergründe von Kampagnen bzw. über Vorkommnisse aufzuklären, die das Unternehmen ins Gerede gebracht haben.

Nicht zu trennen vom Kommunikationsziel ist das **Kommunikationsobjekt**. Wofür oder für wen wendet man sich an die relevante Öffentlichkeit? Den ersten Bezugspunkt stellen einzelne Leistungen des Unternehmens dar, deren Vorzüge bekannt und deutlich gemacht werden müssen (**Produktwerbung**). Oft wird man auch das ganze Unternehmen ins rechte Licht zu rücken versuchen und beispielsweise darauf hinweisen, dass sich dieses dem Gemeinwohl, dem Fortschritt oder der Umwelt verpflichtet fühlt (**Firmenwerbung**). Im Rahmen der

Gemeinschaftswerbung geht es gar um eine ganze Branche, zum Beispiel die Agrarwirtschaft oder die Pharmaindustrie.

Festzulegen sind auch **Zielgruppe** und **Zielgebiet**. Wen will man mit den kommunikationspolitischen Maßnahmen erreichen? Je nach Kommunikationsziel wird man sich abwechselnd oder parallel auf bestimmte Abnehmersegmente, bisherige Nicht-Kunden, Meinungsführer, Bedarfsmultiplikatoren oder auf den eigenen Abnehmern nachgelagerte Märkte konzentrieren. **Meinungsführer** versucht man für sich einzunehmen, weil diese eine Leitbildfunktion erfüllen oder auf andere Weise auf die Öffentlichkeit einwirken, d.h. sie prägen das Urteil anderer mehr oder minder stark. **Bedarfsmultiplikatoren** sind Leute, die Kaufentscheidungen anderer maßgeblich beeinflussen oder diesen überhaupt abnehmen, also zum Beispiel Ärzte (Medikamente) und Lehrer (Schulbücher).

Kommunikationsbudget: Was man mittels der Kommunikationspolitik erreicht, hängt empirischen Untersuchungen zufolge von der Qualität des Werbemittels und der Auswahl geeigneter Werbeträger ab, aber natürlich auch davon, wie hoch das zur Verfügung stehende Budget ist. Das damit verbundene zentrale Problem besteht darin, dass sich Werbemaßnahmen und Budget aus zeitlichen Gründen nicht simultan bestimmen lassen, sondern nacheinander festgelegt werden müssen.

Werbemittel und Werbeträger: Steht fest, welches Budget für die Kommunikationspolitik zur Verfügung steht, lässt sich entscheiden, welche konkreten Werbemittel und Werbeträger eingesetzt werden können. Die entsprechenden Möglichkeiten wurden im letzten Abschnitt angedeutet. Wofür man sich letztendlich entscheidet, hängt von den beiden Faktoren Kosten und Kontaktanzahl ab.

Lernfrage 7.2

Was sind Teilbereiche der Corporate Communications?

☐ Public Relations

☐ Employee Relations

☐ Costumer Relationship Management

Lernfrage 7.3

Was sind Aspekte der Corporate Identity?

☐ Corporate Design

☐ Corporate Bonds

☐ Corporate Behavior

Die **Distributionspolitik** thematisiert, wie eine Dienstleistung oder ein Produkt den Kunden erreicht. Dabei wird differenziert zwischen der Akquisition (der Kundengewinnung) und der Logistik (dem Transport und der erforderlichen Lagerhaltung).

Die wichtigste Aufgabe der Distributionspolitik des Unternehmens besteht darin, den Kontakt mit den tatsächlichen und potenziellen Abnehmern zu pflegen. Die Nachfrager tendieren dazu, ihren Bedürfnissen entsprechende Leistungen typischerweise in nächster Nähe zur Wohnung bzw. Betriebsstätte und möglichst zum Zeitpunkt des Auftretens von Bedarf zu fordern. Nur selten sind sie bereit, «meilenweit» zu gehen bzw. längere Lieferzeiten hinzunehmen. Ein Anbieter muss ihnen deshalb im doppelten Sinne des Wortes entgegenkommen, seine Leistungen am Markt bereitstellen.

Hinzu kommt, dass die produktionstechnisch bedingten großen Mengen in verbrauchsgerechte Größenordnungen umgeformt werden müssen. Die zunehmende Warenvielfalt und das Bestreben der Käufer, Problemlösungen zu erlangen, haben im Übrigen auch die Sortimentsbildungsfunktion der Distribution immer mehr in den Vordergrund treten lassen. Sie kommt darin zum Ausdruck, dass, um den Käufern gerecht zu werden, Produkte nicht nur mengenmäßig (von groß zu klein), sondern auch qualitativ umgeschichtet werden müssen. Der Distribution kommt daher in vielen Branchen eine erhebliche Bedeutung zu.

Marketingstrategien

Marketingstrategien werden nach verschiedenen Teilbereichen untergliedert:

- Dienstleistungsmarketing
- Handelsmarketing (Handelsunternehmen)
- Investitionsgütermarketing (B2B)
- Konsumgütermarketing (B2C)

Zusätzlich werden zielgruppenspezifische Marketingstrategien entwickelt, die sich der empirischen Marktforschung bedienen. Hierzu gehören beispielsweise das auf Frauen oder Männer ausgerichtete Gendermarketing oder Strategien, die auf geografische Besonderheiten abheben, wie das Geomarketing und das Stadtmarketing.

Marketing wird ergänzt durch das Marketingcontrolling, bei dem die Soll-Werte festgelegt werden. Soll-Werte sind beispielsweise die Höhe des jeweiligen Marketingbudgets, die zu erreichenden Umsatzerlöse oder vorab definierte Deckungsbeiträge. Danach werden die tatsächlichen Ist-Werte erhoben.

Bei den Marketingstrategien gibt es verschiedene Ansätze. So können Marktsegmente Gegenstand der Strategie sein. Eine Strategie kann konkret auf eine Zielgruppe oder ein Segment ausgerichtet sein, während bei einer undifferenzierten Marketingstrategie auf eine Konkretisierung der Zielgruppe verzichtet wird.

Hinsichtlich des angestrebten Potenzials kann ein Unternehmen Wachstum, eine Stabilisierung oder eine Reduzierung des Marktanteils anstreben.

Was die Produktpolitik anbelangt, so wird unterschieden zwischen verschiedenen Diversifizierungsstrategien, bei denen eine Produktvielfalt angestrebt wird. Die konkrete Ausprägung der Produktpolitik wird bestimmt vom **Produktlebenszyklus**. Darüber hinaus ist es möglich, eine **Marktdurchdringung** oder eine gezielte **Marktentwicklung** anzupeilen. Bezüglich des Wettbewerbs kann ein Unternehmen die **Kostenführerschaft** in den Mittelpunkt stellen oder durch **Differenzierung** sich dem verschärften Wettbewerbsdruck in einem Marktsegment oder einer **Nische** entziehen.

Lernfrage 7.4

Welche Sonderformen des Marketings gibt es?

- ☐ Gendermarketing
- ☐ Geomarketing
- ☐ Stadtmarketing

Zusammenfassung

- Unter dem Begriff „Marketing" fasst man alle Maßnahmen eines Unternehmens zusammen, die es ermöglichen, sich optimal am Markt zu platzieren und die Bedürfnisse und Anforderungen der Kunden und anderer Interessengruppen optimal zu erfüllen.
- Früher wurde Marketing häufig mit der Absatzwirtschaft gleichgesetzt. Dieses Konzept ist veraltet, denn Marketing ist eine alle Abteilungen umfassende Denkweise, die darauf ausgerichtet ist, eine marktgerechte Unternehmensführung zu etablieren. Das Marketing ist daher nicht nur die Aufgabe einer speziellen Abteilung, sondern eine Herangehensweise, die in allen Bereichen des Unternehmens verwurzelt sein muss. Auch Non-Profit-Organisationen, die keine erwerbswirtschaftliche Zielsetzung haben, bedienen sich differenzierter Marketingstrategien.
- Das Marketing lässt sich anhand des so genannten Marketing-Mix in verschiedene Teilaspekte aufgliedern:
  - Product (Produktpolitik)
  - Price (Preispolitik)
  - Promotion (Kommunikationspolitik)
  - Place (Distributionspolitik)

Lösungen

Hier finden Sie die richtigen Antworten zu den Lernfragen dieses Kapitels.

Lernfrage 7.1

Aus welchen Aspekten besteht der Marketing-Mix?

- [x] Preispolitik
- [x] Produktpolitik
- [x] Kommunikationspolitik
- [x] Distributionspolitik

Lernfrage 7.2

Was sind Teilbereiche der Corporate Communications?

- [x] Public Relations
- [x] Employee Relations
- [ ] Costumer Relationship Management

Lernfrage 7.3

Was sind Aspekte der Corporate Identity?

- [x] Corporate Design
- [ ] Corporate Bonds
- [x] Corporate Behavior

Lernfrage 7.4

Welche Sonderformen des Marketings gibt es?

- [ ] Gendermarketing
- [ ] Geomarketing
- [x] Stadtmarketing

Notizen

Die wichtigsten Stichwörter:

Das muss ich mir nochmals anschauen:

Prüfungstipps

- Sie sollten sich in die einzelnen Marketingansätze vertiefen und Grundbegriffe wie Produkt- oder Preispolitik ausführlich und anhand konkreter Beispiele erläutern können.
- Im Sinne des Wissenstransfers sollten Sie auch in der Lage sein, branchenspezifische Marketingaspekte auszuarbeiten und sich in die Besonderheiten einzelner Marketingrichtungen wie dem Konsumgüter- oder Investitionsgütermarketing vertiefen.

Glossar

ABC-Analyse

Die ABC-Analyse ist ein Verfahren zur Bestimmung relativer Wertbindungen. Ursprünglich wurde das Verfahren zur Analyse der Wertbindung in Lagerbeständen entwickelt. Die ABC-Analyse basiert auf der Beobachtung, dass meist nur ein kleiner Prozentsatz der Materialmengen einen großen Prozentsatz des Lagerbestandswertes bindet. Werden die drei Materialklassen A, B, C nach ihrem relativen Anteil am Wert des Gesamtbestandes unterschieden, ergibt sich beispielsweise folgendes Bild: A-Güter umfassen ca. 10 % der Mengen und binden ca. 80 % des Wertes, B-Güter umfassen ca. 20 % der Mengen und binden ca. 15 % des Wertes, C-Güter umfassen ca. 70 % der Mengen und binden ca. 5 % des Wertes. Nach Bedarf können weniger oder mehr Materialklassen gebildet werden.

Abschreibung

Eine Abschreibung ist der wertmäßige Maßausdruck für die Abnutzung wirtschaftlicher Güter. Abschreibung können für Verbrauchsgüter (z. B. Rohstoffe, Warenlager) und für Gebrauchsgüter (z. B. Maschinen) vorgenommen werden. Abschreibung sind sowohl in der pagatorischen Gewinn- und Verlust-Rechnung als auch in der kalkulatorischen Betriebsergebnisrechnung (Kurzfristige Erfolgsrechnung) erfolgswirksam.

Anhang

Der Jahresabschluss setzt sich nicht nur aus der Bilanz und der Gewinn- und Verlustrechnung (GuV) zusammen, sondern umfasst bei größeren Kapitalgesellschaften auch den Anhang und den Lagebericht. Der Anhang dient der Erläuterung von Positionen der Bilanz und der Gewinn- und Verlustrechnung. Abweichungen vom bisherigen Gliederungsschema, Änderungen der Bewertungsmaßstäbe und die Bilanzierungsmethoden sind näher zu erläutern. Auch Verpflichtungen, die in der Bilanz nicht explizit erwähnt werden, müssen im Anhang kommentiert und ausgeführt werden.

Anlagegut

Als Anlagegut wird ein Wirtschaftsgut bezeichnet, das in der Bilanz unter dem Anlagevermögen ausgewiesen wird. Zu den Anlagegütern zählen immaterielle Vermögensgegenstände (z. B. Konzessionen, gewerbliche Schutzrechte, Lizenzen, Firmenwert), Sachanlagen (z. B. Grundstücke, Maschinen, Anlagen im Bau) und Finanzanlagen (z. B. Anteile an verbundenen Unternehmen).

Anschaffungskosten

Vermögensgegenstände des Anlagevermögens werden zu den Anschaffungskosten bilanziert (Anschaffungswertprinzip). Zu den Anschaffungskosten dürfen die Anschaffungsnebenkosten (Fracht, Montagekosten) hinzugefügt werden. Die Anschaffungskosten sind stets Nettopreise (Umsatzsteuer wurde abgezogen). Die Umsatzsteuer muss als Vorsteuer geltend gemacht werden. Der Wertansatz darf auch bei einer Wertsteigerung des Vermögensgegenstands nicht erhöht werden. Es gilt das Niederstwertprinzip.

Aufwand

Aufwand ist der bewertete Güterverzehr in einer Periode.

Aufwendungen

Aufwendungen sind der betrieblich bedingte Werteverzehr von Gütern und Dienstleistungen. Dazu gehören der Verbrauch von Roh-, Hilfs- und Betriebsstoffen, Löhne und Gehälter, Abschreibungen und Zinsen.

Außenfinanzierung

Eine Außenfinanzierung ist charakteristisch für Aktiengesellschaften. Die Aktionäre beteiligten sich durch Eigenkapital am Unternehmen. Bei anderen Rechtsformen kann eine Erhöhung des Eigenkapitals durch die Aufnahme neuer Gesellschafter erfolgen.

Betriebswirtschaftslehre

Die Betriebswirtschaftslehre (BWL) (englisch: Business Administration), befasst sich mit den ökonomischen Aspekten eines Unternehmens.

Bilanzkontinuität

Die Wertansätze in der Eröffnungsbilanz müssen mit jenen der Schlussbilanz übereinstimmen. Im Handelsrecht wird dies Bilanzidentität genannt und in der Steuerbilanz Bilanzzusammenhang.

Break-even-Analysen

Unter Break-even-Analysen (Break-even-Chart, Break-even-Diagramm, Profitgraph) sind Prognosemodelle (Prognoseverfahren) zu verstehen, die den Zweck verfolgen, für verschiedene Zielfunktionen (Entscheidungstheorie) unter bestimmten Bedingungen kritische Schwellenwerte (Break-even-Points) zu berechnen (zu prognostizieren).

Buchführung

Die Buchführung erfordert eine lückenlose, sachlich und zeitlich geordnete Aufzeichnung aller Geschäftsvorfälle anhand von Belegen.

Buchwert

Der Wert eines Vermögensgegenstandes in der Bilanz unter Einbezug der Abschreibungen und Wertminderungen.

Businessplan

Ein Businessplan ist ein zum Zeitpunkt der Unternehmensgründung schriftlich fixiertes Unternehmenskonzept in Form von Planzahlen für die nächsten drei bis fünf Jahre. Der Businessplan bildet die Ziele, die Strategie sowie die einzelnen Schritte zur Strategieimplementierung, insbesondere die erforderlichen personellen und finanziellen Ressourcen ab.

Cashflow

Der Cashflow kann auf eine direkte oder indirekte Weise ermittelt werden. Bei der direkten Berechnung werden die zahlungswirksamen Ausgaben von den zahlungswirksamen Einnahmen subtrahiert. Gängiger ist die indirekte Berechnung. Bei ihr werden zum Jahresüberschuss die Abschreibungen und die Zuführungen zu den Rückstellungen addiert.

Controlling

Das Controlling beschäftigt sich mit der Steuerung von Unternehmen anhand von qualitativen und quantitativen Kennzahlen. Die Kennzahlen werden interpretiert, ausgewertet und dienen der Koordination von Maßnahmen.

Direktmarketing

Formen der Kommunikationspolitik wie Mediawerbung und Verkaufsförderung sowie die meisten Formen der Öffentlichkeitsarbeit richten sich an einen anonymen Markt. Gegebenenfalls sind zwar die einzelnen Segmente des Marktes hinreichend genau umschrieben, die Personen der einzelnen Segmente sind aber nicht individuell bekannt. Beim Direktmarketing dagegen werden die betreffenden Personen namentlich und einzeln umworben. Direktmarketing umfasst damit sämtliche Maßnahmen der Kommunikationspolitik eines Unternehmens, die sich durch einen direkten Kontakt zum Endkunden auszeichnen und einen Dialog bzw. eine Interaktion zwischen beiden Marktpartnern anstreben.

Distributionspolitik

Die Distributionspolitik thematisiert, wie eine Dienstleistung oder ein Produkt den Kunden erreicht. Dabei wird differenziert zwischen der Akquisition (der Kundengewinnung) und der Logistik (dem Transport und der erforderlichen Lagerhaltung).

Eigenfinanzierung

Nach der Rechtsstellung des Kapitalgebers kann zwischen Eigenfinanzierung und Fremdfinanzierung unterschieden werden. Eigenfinanzierungen findet dann statt, wenn die Kapitalgeber Eigenmittel zur Verfügung stellen. Dies kann auf dem Wege der Außenfinanzierung und der Innenfinanzierung geschehen. Eigenfinanzierung von außen (Außenfinanzierung) erfolgt durch Einlagen von Eigentümern an das Unternehmen, etwa durch eine Kapitalerhöhung bei der Aktiengesellschaft. Eigenfinanzierung von innen (Innenfinanzierung) wird auch als Selbstfinanzierung bezeichnet. Sie erfolgt über die Thesaurierung (Einbehaltung) von Gewinnen.

Eigenkapital

Eigenkapital ist das Kapital des Unternehmens, das nicht durch Fremdkapitalaufnahme entsteht, und gehört den Anteilseignern. Das Eigenkapital besteht aus dem Grundkapital (bei der GmbH: Stammkapital), der Kapitalrücklage, den Gewinnrücklagen und dem nicht ausgeschütteten Bilanzgewinn.

Eigenkapitalspiegel

Zusätzlich zum Jahresabschluss muss in Konzernbilanzen, die nach IFRS oder nach der HGB-Bilanzierung erstellt wurden, ein Eigenkapitalspiegel hinzugefügt werden. Dieser enthält die Höhe des Eigenkapitals und dessen Entwicklung zu Jahresbeginn und zum Bilanzstichtag.

Erlöse

Erlöse sind die Rechnungsbeträge aus Verkäufen (Umsätzen). Von den Erlösen werden Rabatte (Mengen-, Staffel-, Treuerabatte), Skonti, Boni und die Umsatzsteuer abgezogen.

Erträge

Erträge sind alle Positionen in der Gewinn- und Verlustrechnung, die zu einem Wertzuwachs führen (Umsatzerlöse, Zinserträge, Provisionen).

Externes Rechnungswesen

Das externe Rechnungswesen hat die Aufgabe, gegenüber Dritten Rechenschaft abzulegen, und bildet die wirtschaftliche und finanzielle Situation des Unternehmens ab.

Factoring

Das Factoring ist eine Methode, um Forderungen schneller zu Geld zu machen. Da Großkunden häufig ein großzügiges Zahlungsziel eingeräumt wird, können Unternehmen den Liquiditätsengpass vermeiden, indem sie die Forderung an ein Factoring-Unternehmen veräußern.

FIFO-Methode

Bei der FIFO-Methode (First In, First Out) werden die zuerst eingelagerten Produkte als Erste herausgenommen.

Finanzwirtschaft

Die Finanzwirtschaft besteht aus den Bereichen Investition, Finanzierung und dem Risikomanagement, das in den vergangenen Jahren immer mehr an Bedeutung gewonnen hat.

Fremdfinanzierung

Fremdfinanzierung ist die Einzahlung von Gläubigern an das Unternehmen. Wird das Fremdkapital von außen zugeführt, liegt Kreditfinanzierung (Kredit) vor. Fremdfinanzierung von innen erfolgt über die Bildung von Rückstellungen.

Gap-Analyse

Eine Lücke (engl.: gap) ist die Differenz zwischen der gewünschten langfristigen Entwicklung eines Unternehmens, also der Zielprojektion, und der Status-quo-Projektion (erwartete Entwicklung ohne Ergreifen von Maßnahmen). Die Gap-Analyse (gap analysis) bzw. Lückenanalyse hat nun die Aufgabe, im Rahmen einer Ursachenforschung solche Strategien zu entdecken, die geeignet sind, die strategische Lücke zu schließen.

Geschäftsbericht

Der Geschäftsbericht ist eine Publikation, in der ein Unternehmen den Anteilseignern, den Gläubigern, den Lieferanten, den Arbeitnehmern und der interessierten Öffentlichkeit Rechenschaft (Rechnungslegung) über das vergangene Geschäftsjahr ablegt.

Gewinnvortrag

Ein Gewinnvortrag entsteht dann, wenn ein Gewinn des Vorjahres nicht verwendet, sondern in das Folgejahr übertragen wird. Der Gewinnvortrag erhöht den Bilanzgewinn (Gewinn).

Going-Concern-Prinzip

Die Bewertung in der Bilanz muss so vorgenommen werden, also ob das Unternehmen fortgeführt würde. Potenzielle Liquidationswerte, die bei der Auflösung des Unternehmens entstehen würden, sind nicht zugelassen.

Grenzsteuersatz

Der Grenzsteuersatz stellt den Steuersatz der letzten Einheit der Steuerbemessungsgrundlage dar. Mathematisch kann er als erste Ableitung der Funktion des Steuertarifs ermittelt werden. So ist beispielsweise bei einem linearen Tarif der Grenzsteuersatz konstant, bei einem progressiven Tarif nimmt der Grenzsteuersatz zu.

HIFO-Methode

HIFO- (Highest In, First Out) und LOFO-Methode (Lowest In, First Out) nutzen entsprechende Bewertungskriterien zur Einteilung der Produkte im Lager.

Holding

Hat eine Gesellschaft lediglich die Funktion, Beteiligungen an den Tochtergesellschaften auf Dauer zu halten (engl.: to hold), übt sie selbst also keine produktionswirtschaftliche Tätigkeit aus, so wird diese Obergesellschaft als Holding oder Holdinggesellschaft bezeichnet.

IFRS

International Financial Reporting Standards.

Internationaler Rechnungslegungsstandard, der in der Europäischen Union für Konzernabschlüsse von Unternehmen gilt, die am Kapitalmarkt aktiv sind (z.B. Börsennotierung). IFRS soll die Konzernjahresabschlüsse international vergleichbarer machen.

Immaterielle Vermögensgegenstände

Teil des Anlagevermögens. Zu den immateriellen Vermögensgegenständen gehören beispielsweise Patente, Lizenzen, Konzessionen, Gebrauchsmuster und Warenzeichen.

Imparitätsprinzip

Gewinne dürfen erst nach der Realisierung ausgewiesen werden (Unterprinzip: Realisationsprinzip); (drohende) Verluste müssen beim Jahresabschluss sofort ausgewiesen werden.

Innenfinanzierung

Bei der Innenfinanzierung erfolgt die Beschaffung von Kapital durch die Einbehaltung von Gewinnen, was als Thesaurierung bezeichnet wird.

Insolvenz

Insolvenz ist die bei Zahlungsunfähigkeit und Überschuldung einsetzende Folge nach der Insolvenzordnung.

Involvement

Involvement ist eines der wichtigsten Konstrukte im Konsumentenverhalten und bezeichnet das Ausmaß an Aktivierung bzw. die Motivstärke oder innere Ichbeteiligung eines Konsumenten bei der Suche, Aufnahme, Verarbeitung und Speicherung von Informationen.

integrierte Materialwirtschaft

Bei der integrierten Materialwirtschaft werden unterschiedliche Funktionen wie beispielsweise die innerbetriebliche Logistik, die Entsorgung und das Recycling von Reststoffen sowie die Steuerung der Fertigung betrachtet und berücksichtigt.

Investition

Investition bedeutet die Verwendung von Kapital, das in Vermögensgegenstände oder Geldkapital umgewandelt wird.

Investitionsrechnung

Die Investitionsrechnung befasst sich mit der optimalen Nutzung von Investitionen und ermittelt, welche Vor- und Nachteile eine Investition für das Unternehmen hat. Die Investitionsrechnung gliedert sich in statische und dynamische Verfahren.

Jahresabschluss

Der Jahresabschluss fasst die Daten aus der Finanzbuchführung zusammen und stellt sie übersichtlich dar. Ein wichtiger Teil des Jahresabschlusses ist die Bilanz.

Joint Venture

Das Joint Venture, auch als Gemeinschaftsunternehmen bezeichnet, entsteht durch Kooperation mehrerer Unternehmen in Form der Gründung einer Gesellschaft (einer gemeinsamen Tochter), an der die kooperierenden Unternehmen gemeinsam beteiligt sind.

Kalkulation

Eine Kalkulation stellt die Art und Weise (Technik, Verfahren) dar, wie der Einheit (Stück) einer Bezugsgröße bestimmte Wertgrößen zugerechnet werden.

Kapitalflussrechnung

Die Kapitalflussrechnung stellt den Mittelzu- und abfluss des Geschäftsjahres untergliedert in Geschäfts-, Investitions- und Finanzierungstätigkeit dar. Sie ist Bestandteil des Konzernabschlusses.

Kapitalrücklage

Die Kapitalrücklage ergibt sich aus der Differenz des Ausgabewerts von Aktien und dem Nennwert.

Kommunikationspolitik

Die Kommunikationspolitik umfasst im Kern Aktivitäten wie Werbung, Öffentlichkeitsarbeit (Public Relations), Event Marketing, Sponsoring, aber auch die Unternehmenskommunikation (Corporate Communications) einschließlich der Employee Relations und der Investor Relations.

Kontenrahmen

Ein Kontenrahmen ist eine Systematik der in der Unternehmensrechnung möglicherweise auftretenden Konten. Aus dem Kontenrahmen werden die unternehmensindividuellen Kontenpläne abgeleitet.

Kostenrechnung

Die Kostenrechnung wird in verschiedene Teildisziplinen untergliedert, und zwar in die Kostenarten-, Kostenstellen- und Kostenträgerrechnung.

Lagebericht

Kapitalgesellschaften müssen einen Lagebericht erstellen, in dem die Geschäftsentwicklung, die Lage des Unternehmens, das Risikomanagement und die zukünftigen wirtschaftlichen Perspektiven des Unternehmens erläutert werden.

Lean Management

Als Lean Management (lean [engl.] = schlank) werden alle Ziele, Maßnahmen, Instrumente, Prinzipien, Konzepte und Regeln einer ganzheitlichen Verschlankung der Wertschöpfungskette (Supply Chain Management) des Unternehmens verstanden.

Leitungspanne

Bei der Leitungspanne, auch als Kontrollspanne (span of control) bezeichnet, geht es um die Festlegung der Anzahl der einem Abteilungsleiter direkt unterstellten Mitarbeiter, mit denen ein Vorgesetzter optimal kommunizieren kann.

Leverage-Effekt

Die Eigenkapitalrendite kann wie mit einem Hebel (engl.: leverage) durch Zunahme der Verschuldung erhöht werden. Voraussetzung für diesen Leverage-Effekt (Hebeleffekt) ist, dass die Gesamtkapitalrendite so hoch ist, dass nach Befriedigung der Fremdkapitalgeber noch eine positive Differenz für die Bedienung der Eigenkapitalgeber übrig bleibt.

LIFO-Methode

Bei der LIFO-Methode (Last In, First Out) werden die zuletzt eingelagerten Produkte als Erste herausgenommen.

Liquidität

Liquidität ist die Fähigkeit eines Unternehmens, seine Zahlungsverpflichtungen zu erfüllen.

Make or Buy

Bei Make or Buy-Entscheidungen geht es um die Wahl zwischen Eigenfertigung und Fremdbezug (heute auch als Outsourcing bezeichnet). Mit der Entscheidung über Eigenfertigung und Fremdbezug wird die Fertigungstiefe festgelegt.

Management by Objectives (MbO)

Das Management by Objectives (MbO) ist das bekannteste Führungsmodell. Es wurde in der amerikanischen Führungspraxis entwickelt und geht auf Arbeiten von *Drucker* zurück. Durch die Betonung von Zielvereinbarungen im Gegensatz zu detaillierten Verhaltensregeln und -anweisungen wird dem einzelnen Mitarbeiter bewusst ein Ermessensspielraum bezüglich des Weges zur Zielerreichung eingeräumt.

Marketing

Unter dem Begriff „Marketing" fasst man alle Maßnahmen eines Unternehmens zusammen, die es ermöglichen, sich optimal am Markt zu platzieren und die Bedürfnisse und Anforderungen der Kunden und anderer Interessengruppen optimal zu erfüllen.

Marketingmix

Wie der Begriff des Marketings ist auch die Definition des Marketingmixes weit gespannt und berührt alle Teilbereiche eines Unternehmens. Der Marketingmix umfasst alle Marketinginstrumente, die geeignet sind, eine marktorientierte Gesamtunternehmenspolitik vor dem Hintergrund einer Situationsanalyse zu realisieren und die angestrebten Ziele zu erreichen.

Materialwirtschaft

Die Materialwirtschaft bezieht sich auf die Gesamtheit aller Funktionen, die die Versorgung des Unternehmens mit Material betreffen. Die Materialwirtschaft hat die Aufgabe, Material wie Roh-, Hilfs- oder Betriebsstoffe in einer entsprechenden Qualität zu beschaffen und dieses rechtzeitig zur Verfügung zu stellen.

Niederstwertprinzip

Das Niederstwertprinzip besagt, dass bei zwei für die Bewertung von Vermögensgegenständen in Betracht kommenden Wertansätzen (z. B. Anschaffungspreise oder Marktpreise) der niedrigere Wert angesetzt werden muss (strenges Niederstwertprinzip) bzw. angesetzt werden darf (gemildertes Niederstwertprinzip).

Organigramm

Das Organigramm ist die grafische Darstellung der Organisationsstruktur. Es spiegelt vor allem die Art der Arbeitsteilung zwischen den Stellen und die Leitungsbeziehungen, also die Über- und Unterordnung von Stellen wider.

Outplacement

Outplacement ist eine Dienstleistung, die ein Unternehmen seinen ausscheidenden Mitarbeitern anbietet. Ein externer Dienstleister (Outplacementberater) soll bei der beruflichen Neuorientierung oder Wiedereingliederung in den Arbeitsmarkt helfen. Unternehmen können so die Folgen des Ausscheidens insbesondere nach betriebsbedingten Kündigungen mindern und ihren Anspruch als sozialer und fairer Arbeitgeber aufrechterhalten, was sich in der Öffentlichkeit positiv auswirkt.

Personalcontrolling

Das Personalcontrolling befasst sich mit der systematischen Überprüfung, Steuerung und Weiterentwicklung des personalwirtschaftlichen Einsatzes mit Hilfe von Kennzahlen und wird in ein operatives, taktisches und strategisches Personalcontrolling untergliedert.

Personalentwicklung

Die Personalentwicklung erstreckt sich auf alle Maßnahmen, die dazu dienen, die Qualifikation der Mitarbeiter zu erhalten, zu erweitern und fortlaufend zu verbessern.

Personalplanung

Die Personalplanung wird in eine kurz-, mittel- und langfristige Personalplanung untergliedert. Ziel und Zweck der Personalplanung ist, stets das für die Erledigung der betrieblichen Aufgaben erforderliche Personal bereitzustellen.

Personalpolitik

Die Personalpolitik ist von der Unternehmenspolitik abhängig, die die Werte des Unternehmens bestimmt. Die Personalpolitik orientiert sich an der Unternehmenspolitik und leitet davon bestimmte Ziele ab, die speziell für den personalwirtschaftlichen Bereich gelten.

Personalverwaltung

Die Personalverwaltung ist die administrative Seite der Personalwirtschaft. Sie umfasst grundlegende Aufgaben wie die Entgeltabrechnung, die Anmeldung der Lohnsteuer, die Anfertigung von Stellenausschreibungen, die Durchführung der Korrespondenz und vergleichbare Tätigkeiten.

Portfolioanalyse

Die Portfolioanalyse ist eine Planungstechnik der Strategischen Planung. Die Grundidee der Portfolioanalyse besteht darin, strategische Entscheidungen nicht isoliert, sondern in Verbindung mit anderen Entscheidungen zu sehen.

Preispolitik

Die Preispolitik befasst sich mit der Frage, welcher Preis für ein Produkt oder eine Dienstleistung angemessen ist und die Marketingziele besonders erfüllt.

Produktionswirtschaftslehre

Die Produktionswirtschaftslehre ist eine Teildisziplin der BWL, die sich mit dem Produktionsmanagement befasst. Aufgabengebiete sind die Fertigungssteuerung, die Planung und Koordination aller Prozesse im Bereich der Produktion.

Produktpolitik

Die Produktpolitik fokussiert sich auf die Verbesserung und Weiterentwicklung der Produktmerkmale. Dies kann durch technische Innovationen, aber auch durch Änderungen des Designs, der Qualität und des Kundenservices erfolgen.

Public Relations (PR)

Public Relations (PR) ist Öffentlichkeitsarbeit. Im Gegensatz zur Werbung ist ihr Ziel nicht die unmittelbare Steigerung des Nachfragepotenzials, sondern die Verbesserung des Erscheinungsbildes eines Unternehmens in der Öffentlichkeit.

Qualitätsmanagement

Unter Qualitätsmanagement versteht man alle Maßnahmen, die dazu beitragen, Produkte, Dienstleistungen und Prozesse im Unternehmen zu verbessern. Qualitätsmanagement ist nicht die isolierte Aufgabe einer Abteilung, sondern muss bereichsübergreifend das gesamte Unternehmen umfassen.

Qualitätszirkel

Ein Qualitätszirkel (quality circle) ist eine kleine (6 bis 9 Personen umfassende) Gesprächsgruppe (Gruppe) aus Mitarbeitern verschiedener Hierarchiestufen eines bestimmten Arbeitsbereiches, die sich in regelmäßigen Abständen während der Arbeitszeit zu Sitzungen trifft, um vorgegebene oder selbstgewählte Probleme des eigenen Arbeitsbereiches zu diskutieren und Lösungsvorschläge zu erarbeiten sowie deren Umsetzung zu initiieren und zu kontrollieren.

Rating

Rating ist die Eingruppierung von Unternehmen, Emittenten und Wertpapieren nach ihrer Bonität. Ratings werden regelmäßig von Ratingagenturen durchgeführt. Die bekanntesten Agenturen sind Standard & Poor's (S&P), Moody's und Fitch.

Realisationsprinzip

Gewinne dürfen nach der HGB-Bilanzierung erst ausgewiesen werden, wenn sie realisiert sind (Abschluss der Leistungserstellung, Gefahrenübergang, kein Zwischengewinnausweis).

Rechnungsabgrenzungsposten

Rechnungsabgrenzungsposten dienen der periodengerechten Erfolgsermittlung; Aufwendungen und Ausgaben, Erträge und Einnahmen werden den unterschiedlichen Geschäftsjahren zugeordnet.

Rechnungslegung

Die Rechnungslegung hat die Aufgabe, externe Adressaten über die Ertrags-, Finanz- und Vermögenslage eines Unternehmens zu informieren. Auch die Höhe der Steuern und die Gewinnverteilung werden dadurch ermittelt. Insofern hat das Rechnungswesen eine wichtige Dokumentationsfunktion. Jahresabschlüsse müssen von einem unabhängigen Wirtschaftsprüfer kontrolliert werden, der dann ein Testat erteilt.

Rechnungswesen

Das Rechnungswesen hat in jedem Unternehmen eine zentrale Funktion, denn es erfasst und verarbeitet alle Geld- und Leistungsströme, die aus dem betrieblichen Leistungsprozess resultieren. Es wird zwischen dem externen und dem internen Rechnungswesen unterschieden.

Rentabilität

Die Rentabilität bezieht sich auf die Relation des Gewinns (Bilanzgewinn, Jahresüberschuss, Cash Flow, EBIT, EBITDA) zu einer anderen Größe wie Eigenkapital, Gesamtkapital oder Umsatz.

Rücklagen

Die Rücklagen gehören zum Eigenkapital. Man unterscheidet zwischen Gewinn- und Kapitalrücklagen. Eine Kapitalrücklage entsteht, wenn Aktien über dem Nennwert herausgegeben werden. Die Differenz zwischen dem Ausgabepreis und dem Nennwert bezeichnet man als Agio (Aufschlag). Dieses Agio wird den Kapitalrücklagen zugeführt. Kapitalrücklagen sind eine Form der Innenfinanzierung des Unternehmens.

Im Aktiengesetz gibt es zusätzlich eine gesetzliche Rücklage. Eine Aktiengesellschaft muss jährlich 5 % des Gewinns als gesetzliche Rücklage einbehalten, bis die Kapitalrücklage und die gesetzliche Rücklage zusammen 10 % des Grundkapitals ausmachen.

Gewinnrücklagen sind Gewinne aus dem laufenden oder einem früheren Geschäftsjahr, die nicht an die Anteilseigner (Aktionäre) ausgeschüttet, sondern einbehalten (thesauriert) wurden.

Rückstellungen

Bei Rückstellungen sind der Zeitpunkt der Fälligkeit und die Höhe der Aufwendungen für Rückstellungen am Bilanzstichtag ungewiss. Die Bildung von Rückstellungen führt in dem betreffenden Geschäftsjahr zu Aufwand. Rückstellungen können für eine Reihe von Risiken und Fällen gebildet werden: Garantieverpflichtungen, schwebende Prozesse, Steuernachzahlungen, Pensionsverpflichtungen. Den größten Posten unter den Rückstellungen bilden meist die Pensionsrückstellungen im Rahmen der betrieblichen Altersvorsorge.

Sanierung

Eine Sanierung umfasst sämtliche Maßnahmen, die geeignet sind, ein notleidendes Unternehmen durch Wiederherstellung seiner Zahlungsfähigkeit und Ertragskraft vor dem drohenden Zusammenbruch zu bewahren.

Shareholder Value

Der Shareholder Value, der dem Marktwert des Eigenkapitals entspricht, wird definiert als Unternehmenswert abzüglich Marktwert des Fremdkapitals.

Squeeze-out

Ein Squeeze-out ist eine Zwangsabfindung an die Minderheitsaktionäre. Der Mehrheitsaktionär kann ein Squeeze-out dann durchführen, wenn er mindestens 95 % des Grundkapitals einer Aktiengesellschaft (AG) besitzt.

Stille Reserven

Stille Reserven sind in der Bilanz „unsichtbar" enthalten und entstehen durch das Vorsichtsprinzip. Sie entstehen durch Bewertungsunterschiede.

USP

Die USP (Unique Selling Proposition) eines Produkts oder einer Dienstleistung ist eine unverwechselbare, einzigartige Komponente des Produktnutzens für eine Zielgruppe im Sinne eines speziellen Wettbewerbsvorteils. Sie dient der eindeutigen Positionierung des Produkts und der Abgrenzung von der Konkurrenz.

Verbindlichkeiten

Man unterscheidet zwischen kurzfristigen Verbindlichkeiten (Lieferantenkredite, Kontokorrentkredite, Wechselverbindlichkeiten) und langfristigen Verbindlichkeiten (Bankdarlehen, Hypothekenkredite).

Vorsichtsprinzip

Das Vorsichtsprinzip ist ein handelsrechtlicher Grundsatz des HGB, demzufolge Vermögensgegenstände vorsichtig bewertet werden müssen, wodurch sich stille Reserven bilden. Das Vorsichtsprinzip konkretisiert sich im Realisations-, Imparitäts- und dem Niederstwertprinzip.

Wertaufholung

Wertaufholung ist die Korrektur von aus heutiger Sicht überhöhten planmäßigen und außerplanmäßigen Abschreibungen. Sie wird über Zuschreibungen vorgenommen.

Wertberichtigung

Forderungen müssen, wenn sie dubios (fraglich) oder uneinbringlich sind, wertberichtigt werden. Es gibt die Einzelwert- und die Pauschalwertberichtigung.

Wichtige Lehrbücher und Literatur

Bea, Franz Xaver und Schweitzer, Marcel (Hrsg.): Allgemeine Betriebswirtschaftslehre. 9 Aufl. Band 1: Grundfragen. Stuttgart: UTB 2009.

Berkau, Carsten: BWL-Crash-Kurs Bilanzen. 2. akt. u. erw. Aufl. Konstanz: UVK 2010.

Brockhoff, Klaus: Geschichte der Betriebswirtschaftslehre: Kommentierte Meilensteine und Originaltexte. 2. Aufl. Wiesbaden: Gabler 2002.

Buchholz, Rainer: Grundzüge des Jahresabschlusses nach HGB und IFRS. 6. Aufl. München: Vahlen 2010.

Ditges, Johannes und Arendt, Uwe: Bilanzen. 13., überarb. u. akt. Aufl. Herne: Kiehl 2010.

Domschke, Wolfgang; Scholl, Armin: Grundlagen der Betriebswirtschaftslehre: Eine Einführung aus entscheidungsorientierter Sicht. 4. Aufl. Berlin: Springer Verlag 2008.

Grefe, Cord: Bilanzen. 6. Aufl. Ludwigshafen: Friedrich Kiehl Verlag 2009.

Hufnagel, Wolfgang und Burgfeld-Schächer, Beate: Einführung in die Buchführung und Bilanzierung. 6., überarb. u. akt. Aufl. Herne: NWB Verlag 2012.

Küting, Karlheinz: Die Bilanzanalyse. Beurteilung von Abschlüssen nach HGB und IFRS. 10., überarb. Aufl. Stuttgart: Schäffer-Poeschel 2012.

Lechner, Karl; Egger, Anton; Schauer, Reinbert: Einführung in die Allgemeine Betriebswirtschaftslehre. 25. Aufl. Wien: Linde Verlag 2010.

Schierenbeck, Henner: Grundzüge der Betriebswirtschaftslehre. 16. Aufl. München: Oldenbourg Wissenschaftsverlag 2008.

Sicherer, Klaus von: Bilanzierung im Handels- und Steuerrecht unter Berücksichtigung des BilMoG. Wiesbaden: Gabler 2011.

Thommen, Jean-Paul; Achleitner, Ann-Kristin: Allgemeine Betriebswirtschaftslehre: Umfassende Einführung aus managementorientierter Sicht. 6. Aufl. Wiesbaden: Gabler 2009.

Weber, Jürgen und Weißenberger, Barbara: Einführung in das Rechnungswesen. Bilanzierung und Kostenrechnung. 8., überarb. u. akt. Aufl. Stuttgart: Schäffer-Poeschel 2010.

Wehrheim, Michael und Renz, Anette: Die Handels- und Steuerbilanz. Bilanzierung, Bewertung und Gewinnermittlung. 3., überarb. Aufl. München: Vahlen 2011.

Wöhe, Günter; Döring, Ulrich: Einführung in die Allgemeine Betriebswirtschaftslehre. 24. Aufl. München: Vahlen 2010

Stichwortverzeichnis